住房和城乡建设部标准定额研究所　　建设工程造价技术资料

市政工程消耗量

ZYA 1−31−2021

第七册　生活垃圾处理工程

SHIZHENG GONGCHENG XIAOHAOLIANG
DI-QI CE SHENGHUO LAJI CHULI GONGCHENG

中国计划出版社
北　京

图书在版编目(CIP)数据

市政工程消耗量 : ZYA1-31-2021. 第七册, 生活垃圾处理工程 / 住房和城乡建设部标准定额研究所组织编制. -- 北京 : 中国计划出版社, 2022.2
ISBN 978-7-5182-1377-1

Ⅰ. ①市… Ⅱ. ①住… Ⅲ. ①市政工程－消耗定额－中国②生活废物－垃圾处理－市政工程－消耗定额－中国 Ⅳ. ①TU723.34②X799.305

中国版本图书馆CIP数据核字(2021)第248506号

责任编辑:陈 飞　　封面设计:韩可斌
责任校对:王 巍　　责任印制:李 晨 赵文斌

中国计划出版社出版发行
网址:www.jhpress.com
地址:北京市西城区木樨地北里甲11号国宏大厦C座3层
邮政编码:100038 电话:(010)63906433(发行部)
北京市科星印刷有限责任公司印刷

880mm×1230mm 1/16 5.25印张 154千字
2022年2月第1版 2022年2月第1次印刷

定价:40.00元

前　　言

工程造价是工程建设管理的重要内容。以人工、材料、机械消耗量分析为基础进行工程计价，是确定和控制工程造价的重要手段之一，也是基于成本的通用计价方法。长期以来，我国建立了以施工阶段为重点，涵盖房屋建筑、市政工程、轨道交通工程等各个专业的计价体系，为确定和控制工程造价、提高我国工程建设的投资效益发挥了重要作用。

随着我国工程建设技术的发展，新的工程技术、工艺、材料和设备不断涌现和应用，落后的工艺、材料、设备和施工组织方式不断被淘汰，工程建设中的人材机消耗量也随之发生变化。2020年我部办公厅发布《工程造价改革工作方案》（建办标〔2020〕38号），要求加快转变政府职能，优化概算定额、估算指标编制发布和动态管理，取消最高投标限价按定额计价的规定，逐步停止发布预算定额。为做好改革期间的过渡衔接，在住房和城乡建设部标准定额司的指导下，我所根据工程造价改革的精神，协调2015年版《房屋建筑与装饰工程消耗量定额》《市政工程消耗量定额》《通用安装工程消耗量定额》的部分主编单位、参编单位以及全国有关造价管理机构和专家，按照简明适用、动态调整的原则，对上述专业的消耗量定额进行了修订，形成了新的《房屋建筑与装饰工程消耗量》《市政工程消耗量》《通用安装工程消耗量》，由我所以技术资料形式印刷出版，供社会参考使用。

本次经过修订的各专业消耗量，是完成一定计量单位的分部分项工程人工、材料和机械用量，是一段时间内工程建设生产效率社会平均水平的反映。因每个工程项目情况不同，其设计方案、施工队伍、实际的市场信息、招投标竞争程度等内外条件各不相同，工程造价应当在本地区、企业实际人材机消耗量和市场价格的基础上，结合竞争规则、竞争激烈程度等参考选用与合理调整，不应机械地套用。使用本书消耗量造成的任何造价偏差由当事人自行负责。

本次修订中，各主编单位、参编单位、编制人员和审查人员付出了大量心血，在此一并表示感谢。由于水平所限，本书难免有所疏漏，执行中遇到的问题和反馈意见请及时联系主编单位。

住房和城乡建设部标准定额研究所

2021年11月

（2）水增加 0.38m^3/10m^3。

（3）双锥反转出料混凝土搅拌机（500L）增加 0.3 台班 /10m^3。

6. 本消耗量中所使用的砂浆均按干混预拌砂浆编制，若实际使用现拌砂浆或湿拌预拌砂浆时，按以下方法调整：

（1）使用现拌砂浆的，除将干混预拌砂浆调换为现拌砂浆外，砌筑项目按每立方米砂浆增加：一般技工 0.382 工日、200L 灰浆搅拌机 0.167 台班，同时，扣除原干混砂浆罐式搅拌机台班；其余项目按每立方米砂浆增加一般技工 0.382 工日，同时，将原干混砂浆罐式搅拌机调换为 200L 灰浆搅拌机，台班含量不变。

（2）使用湿拌预拌砂浆的，除将干混预拌砂浆调换为湿拌预拌砂浆外，另按相应项目中每立方米砂浆扣除人工 0.20 工日，并扣除干混砂浆罐式搅拌机台班数量。

7. 本消耗量中的周转性材料按不同施工方法，不同类别、材质，计算出一次摊销量进入消耗量。

8. 本消耗量中的用量少、低值易耗的零星材料，列为其他材料。

八、关于机械：

1. 本消耗量中的机械按常用机械、合理机械配备和施工企业的机械化装备程度，并结合工程实际综合确定。

2. 本消耗量的机械台班用量是按正常机械施工工效并考虑机械幅度差综合取定的。

3. 凡单位价值 2 000 元以内、使用年限在一年以内的不构成固定资产的施工机械，不列入机械台班消耗量，作为工具用具在建筑安装工程费中的企业管理费考虑，其消耗的燃料动力等列入材料。

九、本消耗量中的工作内容已说明了主要的施工工序，次要工序虽未说明，但已包括在内。

十、施工与生产同时进行、在有害身体健康的环境中施工时的降效增加费，本消耗量未考虑，发生时另行计算。

十一、本消耗量适用于海拔 2 000m 以下地区，超过上述情况时，可以采用由各地区、部门结合高原地区的特殊情况自行制定的调整办法。

十二、本消耗量中注有“××以内”或“××以下”及“小于”者，均包括××本身；注有“××以外”或“××以上”及“大于”者，则不包括××本身。

说明中未注明（或省略）尺寸单位的宽度、厚度、断面等，均以“mm”为单位。

十三、凡本说明未尽事宜，详见各册、各章说明和附录。

册 说 明

一、第七册《生活垃圾处理工程》(以下简称本册)包括生活垃圾卫生填埋、生活垃圾焚烧,共两章。

二、本册适用于城镇范围内的新建、扩建和改建的生活垃圾设施工程。

三、本册编制依据:

1.《市政工程工程量计量规范》GB 50857—2013;

2.《市政工程消耗量定额》ZYA 1-31-2015;

3.《通用安装工程消耗量定额》TY 02-31-2015;

4.《电力建设工程概算定额》(国能电力〔2013〕289 号);

5.《生活垃圾卫生填埋处理技术规范》GB 50869—2013;

6.《生活垃圾卫生填埋场防渗系统工程技术规范》CJJ 113—2007;

7.《生活垃圾卫生填埋场封场技术规范》GB 51220—2017;

8.《生活垃圾填埋场填埋气体收集处理及利用工程技术规范》CJJ 133—2009;

9.《生活垃圾填埋场污染控制标准》GB 16889—2008;

10.《生活垃圾焚烧污染控制标准》GB 18485—2014;

11.《生活垃圾焚烧处理工程技术规范》CJJ 90—2009;

12.《生活垃圾焚烧处理工程项目建设标准》建标 142—2010;

13.《中华人民共和国固体废物污染环境防治法》。

四、凡本册说明未尽事宜,详见各章说明。

目　录

第一章　生活垃圾卫生填埋

说 明

一、本章包括场地整理、垃圾坝、压实黏土防渗层、高密度聚乙烯（HDPE）土工膜敷设、钠基膨润土防水毯敷设、土工合成材料敷设、防渗膜保护层、帷幕灌浆垂直防渗、导流层、高密度聚乙烯（HDPE）管道敷设、盲沟填筑、导气石笼井、调节池浮盖、填埋气体处理系统、地下水监测井、渗滤液抽排井、气体迁移监测井、封场覆盖、防飞散网、渗滤液处理设备安装等项目。

二、场地整理中未包括的填埋场土石方工程、地表土层清理执行第一册《土石方工程》相应项目。

三、砌石坝已综合考虑砌镶面石和砌腹石，当设计与取定的材料规格或型号不同时，相关材料可以调整，人工、机械不调整。坝构筑物中模板工程可执行第六册《水处理工程》相应项目。

四、毛石混凝土子目中毛石的投入量按 22% 考虑，当实际设计比例与取定比例不同时，混凝土及毛石按实际比例调整。

五、压实黏土防渗层已综合考虑了黏土的压实系数及压实遍数，实际使用时均按本章相应项目执行。

六、高密度聚乙烯（HDPE）土工膜厚度按 1.5mm 规格编制，当实际与取定的材料规格或型号不同时，材料消耗量不变，人工、机械乘以下表系数。

高密度聚乙烯（HDPE）土工膜调整系数

高密度聚乙烯（HDPE）土工膜规格（mm）	0.75	1	1.5	2
系数	1.10	1.05	1.00	1.33

七、钠基膨润土防水毯敷设子目中钠基膨润土防水毯（GCL）按 $4800g/m^2$ 规格编制，当实际与取定的材料规格或型号不同时，材料消耗量不变，人工、机械乘以下表系数。

GCL 调整系数

GCL 规格（g/m^2）	4 800	5 000	5 500	6 000
系数	1.00	1.05	1.10	1.20

八、土工合成材料敷设项目中土工布按 $600g/m^2$ 规格编制，当实际与取定的材料规格或型号不同时，材料消耗量不变，人工、机械乘以下表系数。

土工布调整系数

土工布规格（g/m^2）	200 以内	300 以内	400 以内	600 以内	600 以上
系数	0.67	0.77	0.87	1.00	1.07

土工合成材料敷设项目中土工复合排水网按网芯厚度 6.0mm 规格编制，当实际与取定的材料规格或型号不同时，材料消耗量不变，人工、机械乘以下表系数。

土工复合排水网调整系数

土工复合排水网规格（mm）	5.0	6.0	7.0	8.0
系数	0.93	1.00	1.10	1.11

九、防渗膜保护层中橡胶轮胎规格型号按 R=415mm 编制，当实际与取定的材料规格或型号不同时，材料按实际选用情况进行调整，但人工、机械不做调整。

土工布袋规格按 430mm×810mm 编制，当实际与取定的材料规格或型号不同时，相关材料可以按实际选用情况进行调整，但人工、机械不变。

十、帷幕灌浆垂直防渗。

1. 帷幕灌浆地质钻机钻孔按露天钻垂直孔、孔径 91mm 以内、孔深 30~50m 编制，如为地下作业或钻孔角度、深度与孔径不同时，人工、机械乘以调整系数。

地质钻机角度调整系数

调整项目	钻孔与水平夹角（向下）				角度向上
	0° ~60°	60° ~75°	75° ~85°	85° ~90°	
人工、钻机	1.19	1.05	1.02	1.00	1.25

地质钻机钻孔孔深调整系数

调整项目	孔深 h（m）				
	≤ 30	30 < h ≤ 50	50 < h ≤ 70	70 < h ≤ 90	> 90
人工、钻机	0.94	1.00	1.07	1.17	1.31

地质钻机钻孔孔径调整系数

调整项目	孔径（mm）					备注
	≤ 91	110	130	150	200	
人工、钻机	1.00	1.05	1.25	1.52	1.82	终孔孔径≥ 130mm 或孔深超过 70m 时钻机换成 300 型，消耗量不变

2. 钻机钻土坝（堤）灌浆孔项目按露天作业、垂直孔、孔深 50m 以内编制。

钻机钻岩石层灌浆孔 – 自下而上灌浆法项目按露天作业、帷幕灌浆孔、固结灌浆孔、排水孔、水位观测孔编制，发生下列情况时，调整如下：

（1）钻试验孔，人工乘以系数 1.10，机械乘以系数 1.10；

（2）钻观测孔，人工乘以系数 1.25，机械乘以系数 1.25。

3. 坝基岩帷幕灌浆 – 自下而上灌浆法项目按露天作业、一排帷幕、自下而上分段灌浆编制。设计为两排、三排帷幕时，按以下方式调整。

坝基岩帷幕灌浆 – 自下而上灌浆法调整系数

排数	人工、气动灌浆机	水泥	水
两排	0.97	0.75	0.96
三排	0.94	0.53	0.92

设计要求采用磨细水泥灌浆的，水泥品种应调整为干磨磨细水泥。

4. 土坝（堤）充填灌浆项目按垂直孔、孔深 50m 以内编制。

按灌注黏土浆液考虑，如采用水泥黏土浆，则水泥加上黏土的总重量等于本项目的黏土重量，水泥掺量由设计确定，一般为总重量的 15%~20%；取消水玻璃用量，泥浆搅拌机台班减少 20%，其他不变。

十一、盲沟填筑项目中未考虑土工布包裹的工作内容，实际发生时，执行本章“零星土工布”敷设项目。

十二、浮力垫、走道板按常用设计规格编制。当实际与取定的材料规格或型号不同时，相关材料可以按实际选用情况进行调整，人工、机械按表面积比例进行调整。

调节池浮盖施工按干法施工考虑，如现场采用带水施工时，措施费用按实际情况另行计算。

辅助系统中如各种井的设计规格与项目不同时，主材（井管）按实际情况进行调整，各种辅材及人工、机械不变。

十三、填埋气体处理系统按燃烧火炬成套设备综合考虑，相应安装辅材已配套计入待安装设备本体中，项目仅包含工作内容范围内设备安装的人工与机械消耗量。火炬基础混凝土及其模板工程执行第六册《水处理工程》相应项目，基础钢筋及预埋件执行第九册《钢筋工程》相应项目。

十四、地下水监测井钻孔执行本章帷幕灌浆钻孔相应项目，成井消耗量为综合考虑，如实际与本章主材（成井管道）不一致时，可按实际调整，但辅材、人工、机械不做调整。

十五、渗滤液抽排井按照直径 800mm、井深 10m 考虑，井壁外侧 400mm 范围内铺设碎石层，如实际规格与本章不一致时，可按实际调整。

十六、气体迁移监测井按照直径 150mm、井深 10m 考虑，如实际规格与本章不一致时，可按实际调整。

十七、封场覆盖使用的高密度聚乙烯（HDPE）土工膜、钠基膨润土防水毯等按本章相应项目执行，人工乘以系数 1.05、机械乘以系数 1.05。

封场覆盖适用于垃圾场内倒运、整形，如垃圾需要外运，挖垃圾装车、运输执行第一册《土石方工程》一、二类土相应项目，人工乘以系数 1.20、机械乘以系数 1.20。

封场固土土工网垫执行土工复合排水网（6.00mm）项目。

植草护坡中喷播植草的草种用量按设计另行计算。

十八、渗滤液处理设备安装中氨吹脱塔项目未包括风机、氨尾气吸收装置等附属配套机械设备的安装内容，实际发生时，可执行《通用安装工程消耗量》TY 02-31-2021 相应项目。

十九、膜生物反应器（MBR）以及纳滤、反渗透膜组件与装置等未包括膜处理系统单元以外的水泵、风机、曝气器、布气管、空压机、仪表、电气控制系统等附属配套设施的安装内容，膜处理系统单元以外与主体设备装置配套的管路系统（管道、阀门、法兰、泵）、风路系统、电气系统、控制系统等，应根据其设计或二次设计内容执行《通用安装工程消耗量定额》TY 02-31-2015 和第六册《水处理工程》相应项目。

二十、渗滤液主体处理构筑物中各类钢筋混凝土调节池、混合池、反应池、沉淀池、集水井（池）、滤池、厌氧池、好氧池（SBR）、氧化沟、浓缩池等现浇、预制混凝土构件及其模板工程、吸附过滤活性炭等滤料敷设工程，执行第六册《水处理工程》相应项目；渗滤液主体处理构筑物现浇、预制混凝土的钢筋、预埋铁件、止水螺栓等的制作、安装执行第九册《钢筋工程》相应项目；主体处理构筑物的防腐、内衬工程，金属面防腐处理执行《通用安装工程消耗量定额》TY 02-31-2015 相应项目，非金属面执行第六册《水处理工程》相应项目，其他防腐处理执行《房屋建筑与装饰工程消耗量定额》TY 01-31-2015 相应项目。

二十一、渗滤液主体处理构筑物中钢制池、槽、罐、斗、塔及其他各类金属构件制作、安装及其防腐处理，渗滤液处理配套工程中的泵、风机等各类通用机械设备安装，通风管、输配水等各类工艺管道安装，供配电、自控仪表、检测仪器和报警装置等的安装，执行《通用安装工程消耗量定额》TY 02-31-2015 相应项目。

二十二、渗滤液处理设备中的格栅、加药设备、曝气设施、生物转盘、压滤机、污泥浓缩机、脱水机等其他水处理专用设备安装，执行第六册《水处理工程》相应项目。

工程量计算规则

一、场地整理按设计图示尺寸以面积计算。

二、垃圾坝、压实黏土防渗层按设计图示尺寸以体积计算。

三、高密度聚乙烯（HDPE）土工膜、钠基膨润土防水毯、土工复合排水网、土工合成材料按设计图示尺寸以面积计算，锚固沟、盲沟等按展开面积计算。

四、导流层铺设均按设计图示尺寸以面积计算。

五、高密度聚乙烯（HDPE）管道敷设按设计图示尺寸以长度计算。

六、高密度聚乙烯（HDPE）花管敷设时，应另执行高密度聚乙烯（HDPE）管钻孔加工项目，按设计管道敷设长度区分管径以长度计算。

七、盲沟填筑按设计图示尺寸以体积计算。

八、导气石笼井钻孔区分孔深，按设计深度乘以设计井径截面面积，以体积计算。

九、浮力垫、走道板工程按设计规格数量以“块”计算。

十、渗滤液抽排井按设计图示尺寸以深度计算。

十一、气体迁移监测井按设计图示尺寸以深度计算。

十二、氨吹脱塔安装区分填料高度及塔体直径，按设计图示数量以“台”计算。

十三、膜生物反应器（MBR）以及纳滤、反渗透膜组件与装置安装区分膜处理系统单元产水能力，按设计图示数量以“套”计算。

一、场 地 整 理

工作内容：削坡、找平、碾压、夯实等。　　　　**计量单位：**1 000m²

编　号				7-1-1	7-1-2
项　目				基层修整、碾压	
				场底修整	边坡、平台修整
名　称			单位	消　耗　量	
人工	合计工日		工日	7.067	8.375
	其中	普工	工日	4.948	5.862
		一般技工	工日	2.120	2.513
机械	履带式推土机　75kW		台班	0.504	—
	钢轮振动压路机　15t		台班	0.864	-
	洒水车　4 000L		台班	0.900	—
	履带式单斗液压挖掘机　1m³		台班	—	4.325

二、垃 圾 坝

工作内容： 1. 测量放样、清理基层、配拌砂浆、水平运料、砌筑、勾缝、养生。
2. 测量放样、基底夯实、分层找平、碾压、修坡、检测等。
3. 测量放样、清理基层、分仓、接缝面铺砂浆、混凝土运输、浇筑、捣固、养生、检测等。

计量单位： 100m³

编 号				7-1-3	7-1-4	7-1-5	7-1-6
项 目				浆砌石坝	碾压式（黏）土坝	混凝土坝	
						混凝土	毛石混凝土
名 称			单位	消 耗 量			
人工	合计工日		工日	67.027	2.949	18.576	50.156
	其中	普工	工日	33.513	1.769	9.288	25.078
		一般技工	工日	26.811	0.885	7.430	20.061
		高级技工	工日	6.703	0.295	1.858	5.017
材料	块石		m³	102.000	—	—	24.300
	预拌砌筑砂浆（干拌）DM M7.5		m³	34.070	—	—	—
	预拌抹灰砂浆（干拌）DP M20		m³	—	—	1.000	1.000
	黏土		m³	—	128.000	—	—
	预拌混凝土 C20		m³	—	—	101.000	85.870
	水		m³	8.977	—	18.249	18.249
	其他材料费		%	1.50	1.50	1.50	1.50
机械	履带式推土机 75kW		台班	—	0.168	—	—
	钢轮振动压路机 15t		台班	—	0.168	—	—
	电动夯实机 250N·m		台班	—	0.230	—	—
	干混砂浆罐式搅拌机		台班	1.397	—	0.041	0.041

三、压实黏土防渗层

工作内容：筛、挑土样，放样，场内运输，推平，洒水，碾压。　　**计量单位：**1 000m³

编　号				7-1-7
项　目				膜下黏土层
名　称			单位	消　耗　量
人工	合计工日		工日	11.399
	其中	普工	工日	6.839
		一般技工	工日	3.420
		高级技工	工日	1.140
材料	黏土		m^3	1 300.000
	水		m^3	15.000
机械	平地机 120kW		台班	2.470
	洒水车 4 000L		台班	0.750
	钢轮振动压路机 15t		台班	1.467

四、高密度聚乙烯(HDPE)土工膜敷设

工作内容：场内运输、裁剪、铺设、焊接、焊缝检测、修补。　　**计量单位：**100m²

编　号				7-1-8	7-1-9	7-1-10
项　目				HDPE 膜 1.5mm		零星 HDPE 膜 1.5mm
				一般平铺	一般斜铺	
名　称			单位	消　耗　量		
人工	合计工日		工日	1.296	1.556	3.367
	其中	普工	工日	0.389	0.466	1.010
		一般技工	工日	0.519	0.623	1.347
		高级技工	工日	0.389	0.467	1.011
材料	高密度聚乙烯土工膜 $\delta 1.5$		m^2	105.200	108.000	130.000
	其他材料费		%	1.50	1.50	1.50
机械	双轨焊接机		台班	0.124	0.149	—
	单轨焊接机		台班	0.103	0.124	0.515
	轮胎式装载机 $3m^3$		台班	0.103	0.124	—

五、钠基膨润土防水毯敷设

工作内容：场内运输、裁剪、铺设、搭接、撒膨润土粉。

计量单位：100m²

编号				7-1-11	7-1-12
项目				一般平铺	一般斜铺
				4 800g/m²	
名称			单位	消耗量	
人工	合计工日		工日	1.267	1.520
	其中	普工	工日	0.380	0.456
		一般技工	工日	0.507	0.608
		高级技工	工日	0.380	0.456
材料	膨润土防水毯		m²	108.200	109.600
	其他材料费		%	1.50	1.50
机械	轮胎式装载机 3m³		台班	0.103	0.124

六、土工合成材料敷设

1.土　工　布

工作内容：1. 场内运输、裁剪、铺设、焊接。
2. 场内运输、铺设、缝合。

计量单位：100m²

编号				7-1-13	7-1-14	7-1-15	7-1-16	7-1-17
项目				焊接		缝合		零星土工布
				一般平铺	一般斜铺	一般平铺	一般斜铺	600g/m²
				600g/m²				
名称			单位	消耗量				
人工	合计工日		工日	1.556	1.750	1.867	2.101	8.082
	其中	普工	工日	0.467	0.525	0.560	0.631	2.424
		一般技工	工日	0.622	0.700	0.747	0.840	3.233
		高级技工	工日	0.467	0.525	0.560	0.630	2.425
材料	土工布		m²	107.400	108.500	104.700	105.600	111.500
	其他材料费		%	1.50	1.50	1.50	1.50	1.50
机械	轮胎式装载机 3m³		台班	0.123	0.138	0.140	0.158	—

2. 土工复合排水网

工作内容： 场内运输、裁剪、铺设、搭接、缝合。　　**计量单位：** 100m²

编　　号				7-1-18	7-1-19	7-1-20
项　　目				土工复合排水网		土工滤网
				一般平铺	一般斜铺	
				6.0mm		
名　　称			单位	消　耗　量		
人工	合计工日		工日	1.680	1.890	1.333
	其中	普工	工日	0.503	0.567	0.400
		一般技工	工日	0.673	0.756	0.533
		高级技工	工日	0.504	0.568	0.400
材料	土工滤网		m^2	—	—	107.310
	土工复合排水网 6.0mm		m^2	105.000	106.200	—
	其他材料费		%	1.50	1.50	1.50
机械	轮胎式装载机 $3m^3$		台班	0.132	0.149	0.110

七、防渗膜保护层

工作内容： 1. 运输、堆筑、固定、黏土填充。
2. 土工布袋装石料（砂土）、封包运输、堆筑。　　**计量单位：** 100m³

编　　号				7-1-21	7-1-22	7-1-23
项　　目				充泥橡胶轮胎保护层	袋装石料	袋装砂土
名　　称			单位	消　耗　量		
人工	合计工日		工日	53.509	224.407	149.605
	其中	普工	工日	26.755	112.203	74.802
		一般技工	工日	21.404	89.763	59.842
		高级技工	工日	5.351	22.441	14.961
材料	橡胶轮胎		个	2 020.000	—	—
	黏土		m^3	90.000	—	—
	卵石		m^3	—	91.800	—
	砂子（中粗砂）		m^3	—	—	91.800
	土工布袋		条	—	3 751.200	3 751.200
	其他材料费		%	—	1.50	1.50

八、帷幕灌浆垂直防渗

1. 钻机钻土坝(堤)灌浆孔

工作内容: 1. 固定孔位、准备,泥浆制备、运送、固壁,钻孔,记录,孔位转移。

2. 固定孔位、准备,钻孔,下套管,记录,拔套管,孔位转移。

计量单位: 100m

编号				7-1-24	7-1-25
项目				泥浆固壁钻井	套管固壁钻井
				深 50m 以内	
名称			单位	消耗量	
人工	合计工日		工日	31.663	47.601
	其中	普工	工日	9.499	14.280
		一般技工	工日	15.832	23.801
		高级技工	工日	6.333	9.520
材料	水		m^3	800.000	—
	黏土		m^3	17.000	—
	合金钢钻头		个	1.500	2.500
	合金刀片		kg	0.200	0.400
	岩芯管		m	1.500	8.000
	钻杆		m	1.500	2.000
	钻杆接头		个	1.400	1.900
	其他材料费		%	1.50	1.50
机械	工程地质液压钻机		台班	6.250	9.375
	气动灌浆机		台班	6.250	—
	灰浆搅拌机 200L		台班	1.500	—

2. 钻机钻岩石层灌浆孔－自下而上灌浆法

工作内容：钻孔、孔位转移。　　　　**计量单位**：100m

编号				7-1-26	7-1-27	7-1-28	7-1-29
项目				岩石级别			
				软岩	较软岩	较硬岩	坚硬岩
名称			单位	消耗量			
人工	合计工日		工日	21.004	30.714	45.173	75.254
	其中	普工	工日	6.300	9.214	13.552	22.576
		一般技工	工日	10.502	15.357	22.587	37.628
		高级技工	工日	4.201	6.143	9.034	15.051
材料	合金钢钻头		个	5.900	—	—	—
	合金刀片		kg	0.400	—	—	—
	金钢石钻头		个	—	3.000	3.600	4.500
	扩孔器		个	—	2.100	2.500	3.200
	岩芯管		m	2.400	3.000	4.500	5.700
	钻杆		m	2.200	2.600	3.900	4.900
	钻杆接头		个	2.300	2.900	4.400	5.500
	水		m^3	500.000	600.000	750.000	1 000.000
	其他材料费		%	1.50	1.50	1.50	1.50
机械	工程地质液压钻机		台班	9.000	13.125	19.375	32.250

3. 坝基岩帷幕灌浆－自下而上灌浆法

工作内容：洗孔，压水，制浆，灌浆，记录、下钻扫孔、复灌、封孔，孔位转移。　　**计量单位：**100m

编号				7-1-30	7-1-31	7-1-32	7-1-33
项目				透水率（Lu）			
				≤ 2	2~4	4~6	6~8
名称			单位	消耗量			
人工	合计工日		工日	56.256	57.311	59.000	74.410
	其中	普工	工日	16.877	17.193	17.700	22.322
		一般技工	工日	28.128	28.656	29.501	37.205
		高级技工	工日	11.251	11.462	11.800	14.882
材料	水泥 P·O 42.5		t	2.500	3.500	4.500	6.500
	水		m^3	470.000	490.000	510.000	530.000
	其他材料费		%	1.50	1.50	1.50	1.50
机械	气动灌浆机		台班	15.800	16.100	16.563	20.875
	灰浆搅拌机 200L		台班	15.800	16.100	16.563	20.875
	工程地质液压钻机		台班	1.500	1.500	1.500	1.500

工作内容：洗孔，压水，制浆，灌浆，记录、下钻扫孔、复灌、封孔，孔位转移。　　**计量单位：**100m

编号				7-1-34	7-1-35	7-1-36	7-1-37
项目				透水率（Lu）			
				8~10	10~20	20~50	50~100
名称			单位	消耗量			
人工	合计工日		工日	92.035	109.450	128.977	153.041
	其中	普工	工日	27.610	32.835	38.692	45.912
		一般技工	工日	46.018	54.725	64.489	76.521
		高级技工	工日	18.407	21.890	25.796	30.608
材料	水泥 P·O 42.5		t	8.500	10.000	12.000	15.000
	水		m^3	550.000	640.000	930.000	1 410.000
	其他材料费		%	1.50	1.50	1.50	1.50
机械	气动灌浆机		台班	25.838	30.738	36.213	42.950
	灰浆搅拌机 200L		台班	25.838	30.738	36.213	42.950
	工程地质液压钻机		台班	1.500	1.500	1.500	1.500

4. 土坝（堤）充填灌浆

工作内容：检查钻孔，制浆，灌浆，记录、复灌、封孔，孔位转移。　　**计量单位：**100m

编号				7-1-38	7-1-39	7-1-40	7-1-41	7-1-42
项目				单位孔深干土灌入量（t/m）				
				≤ 0.5	1	1.5	2	3
名称			单位	消耗量				
人工	合计工日		工日	44.434	54.251	68.815	99.001	144.280
	其中	普工	工日	13.330	16.276	20.644	29.700	43.284
		一般技工	工日	22.217	27.125	34.408	49.501	72.140
		高级技工	工日	8.887	10.850	13.763	19.801	28.856
材料	黏土		m^3	35.000	64.000	105.000	157.000	210.000
	水		m^3	97.000	120.000	167.000	214.000	285.000
	硅酸钠（水玻璃）		kg	210.000	315.000	525.000	783.000	1 050.000
	其他材料费		%	1.50	1.50	1.50	1.50	1.50
机械	气动灌浆机		台班	3.375	4.750	6.875	9.625	13.875
	灰浆搅拌机 200L		台班	3.375	5.500	8.000	11.250	15.875

5. 压水试验

工作内容：钻检查孔、冲洗孔内岩粉、稳定水位、起下试验栓塞、观测压水试验、填写记录等。　　**计量单位：**试段

编号				7-1-43	7-1-44
项目				一个压力点	三压力五阶段
名称			单位	消耗量	
人工	合计工日		工日	3.377	5.277
	其中	普工	工日	0.337	0.528
		一般技工	工日	1.689	2.638
		高级技工	工日	1.351	2.110
材料	水		m^3	50.000	50.000
	其他材料费		%	1.50	1.50
机械	气动灌浆机		台班	0.854	1.280
	工程地质液压钻机		台班	0.323	0.513

九、导 流 层

工作内容：场内运输、放样、取(运)料、摊铺、找平。 **计量单位：**$100m^2$

编 号				7-1-45	7-1-46	7-1-47	7-1-48
项 目				卵砾石(厚度 mm)		砾石(厚度 mm)	
				300	每增减 50	300	每增减 50
名 称			单位	消 耗 量			
人工	合计工日		工日	12.516	2.086	14.845	2.474
	其中	普工	工日	7.510	1.250	8.907	1.484
		一般技工	工日	3.755	0.626	4.454	0.742
		高级技工	工日	1.251	0.209	1.484	0.248
材料	级配卵砾石		m^3	30.600	5.100	—	—
	砾石 5~80		m^3	—	—	30.600	5.100

十、高密度聚乙烯(HDPE)管道敷设

1. 高密度聚乙烯(HDPE)管焊接敷设

工作内容：检查标高、场内运输、放线、找坡、铺管、清理管口、焊接。 **计量单位：**100m

编 号				7-1-49	7-1-50	7-1-51
项 目				管外径(mm 以内)		
				200	315	400
名 称			单位	消 耗 量		
人工	合计工日		工日	5.286	10.217	19.071
	其中	普工	工日	1.586	3.065	5.722
		一般技工	工日	2.115	4.087	7.628
		高级技工	工日	1.586	3.065	5.722
材料	HDPE 实壁管		m	(106.000)	(106.000)	(106.000)
	破布		kg	0.470	0.790	1.330
	其他材料费		%	1.50	1.50	1.50
机械	热熔对接焊机 250mm		台班	1.150	1.570	2.030
	轮胎式装载机 $3m^3$		台班	0.650	0.982	1.482

工作内容：检查标高、场内运输、放线、找坡、铺管、清理管口、焊接。　　**计量单位**：100m

编号				7-1-52	7-1-53	7-1-54
项目				管外径（mm 以内）		
				500	630	800
名称			单位	消耗量		
人工	合计工日		工日	29.799	35.292	43.373
	其中	普工	工日	8.940	10.587	13.012
		一般技工	工日	11.920	14.117	17.350
		高级技工	工日	8.940	10.587	13.012
材料	HDPE 实壁管		m	（106.000）	（106.000）	（106.000）
	破布		kg	2.260	2.490	4.100
	其他材料费		%	1.50	1.50	1.50
机械	热熔对接焊机 630mm		台班	4.641	6.059	—
	热熔对接焊机 800mm		台班	—	—	7.701
	轮胎式装载机 $3m^3$		台班	2.237	3.379	5.102

2. 高密度聚乙烯（HDPE）管套管连接敷设

工作内容：检查标高、场内运输、放线、找坡、铺管、套管连接。　　**计量单位**：100m

编号				7-1-55	7-1-56	7-1-57
项目				管外径（mm 以内）		
				200	315	400
名称			单位	消耗量		
人工	合计工日		工日	2.363	4.838	7.304
	其中	普工	工日	0.710	1.451	2.191
		一般技工	工日	0.945	1.935	2.921
		高级技工	工日	0.709	1.452	2.191
材料	HDPE 实壁管		m	（106.000）	（106.000）	（106.000）
	HDPE 承插管 *dn*225		m	17.670	—	—
	HDPE 承插管 *dn*355		m	—	17.670	—
	HDPE 承插管 *dn*450		m	—	—	17.670
	其他材料费		%	1.50	1.50	1.50
机械	轮胎式装载机 $3m^3$		台班	0.650	0.982	1.482

工作内容：检查标高、场内运输、放线、找坡、铺管、套管连接。 **计量单位：**100m

编号				7-1-58	7-1-59	7-1-60
项目				管外径（mm 以内）		
				500	630	800
名称			单位	消耗量		
人工	合计工日		工日	11.030	16.655	25.149
	其中	普工	工日	3.308	4.997	7.545
		一般技工	工日	4.412	6.662	10.059
		高级技工	工日	3.309	4.997	7.545
材料	HDPE 实壁管		m	（106.000）	（106.000）	（106.000）
	HDPE 承插管 *dn*560		m	17.670	—	—
	HDPE 承插管 *dn*710		m	—	17.670	—
	HDPE 承插管 *dn*900		m	—	—	17.670
	其他材料费		%	1.50	1.50	1.50
机械	轮胎式装载机 $3m^3$		台班	2.237	3.379	5.102

3. 高密度聚乙烯（HDPE）管钻孔加工

工作内容：画线、打冲眼、清扫塑料屑。 **计量单位：**100m

编号				7-1-61	7-1-62	7-1-63
项目				管外径（mm 以内）		
				200	315	400
名称			单位	消耗量		
人工	合计工日		工日	5.890	9.277	11.780
	其中	普工	工日	1.766	2.783	3.535
		一般技工	工日	2.356	3.711	4.712
		高级技工	工日	1.767	2.783	3.534

工作内容：画线、打冲眼、清扫塑料屑。　　**计量单位：**100m

编号			7-1-64	7-1-65	7-1-66
项目			管外径（mm 以内）		
			500	630	800
名称		单位	消耗量		
人工	合计工日	工日	14.726	18.554	23.561
其中	普工	工日	4.418	5.566	7.068
	一般技工	工日	5.890	7.422	9.424
	高级技工	工日	4.418	5.566	7.068

十一、盲沟填筑

工作内容：放样、取（运）料、填充夯实、找平。　　**计量单位：**$10m^3$

编号			7-1-67
项目			盲沟粒料敷设卵砾石
名称		单位	消耗量
人工	合计工日	工日	2.087
其中	普工	工日	1.305
	一般技工	工日	0.652
	高级技工	工日	0.131
材料	级配卵砾石	m^3	12.750
机械	电动夯实机 250N·m	台班	0.310
	载重汽车 8t	台班	0.240

十二、导气石笼井

1. 导气井钻孔

工作内容：移机、定位、钻井。 **计量单位：**$10m^3$

编号				7-1-68	7-1-69
项目				孔深(m)	
				12以内	12以上
名称			单位	消耗量	
人工	合计工日		工日	8.514	8.855
	其中	普工	工日	2.554	2.657
		一般技工	工日	4.257	4.427
		高级技工	工日	1.703	1.771
机械	履带式旋挖钻机 孔径 600mm		台班	1.125	1.500

2. 中心多孔管安装

工作内容：场内运输、测量、定位、立管、临时固定。 **计量单位：**100m

编号				7-1-70	7-1-71
项目				中心多孔管安装管外径(mm)	
				160	225
名称			单位	消耗量	
人工	合计工日		工日	4.860	5.401
	其中	普工	工日	2.430	2.700
		一般技工	工日	2.430	2.700
材料	HDPE 花管		m	(106.000)	(106.000)

3. 井筒安装

工作内容：1. 钢筋制作、绑扎、安装、钢筋笼焊接、拼装、安放。
2. 运输、制作、搭接、固定。

编号				7-1-72	7-1-73	7-1-74
项目				钢筋骨架	土工滤网	钢丝网
				t	100m²	
名称			单位	消耗量		
人工	合计工日		工日	14.814	2.976	3.982
	其中	普工	工日	7.406	1.488	1.991
		一般技工	工日	7.407	1.488	1.991
材料	钢筋 ϕ10 以内		t	0.513	—	—
	钢筋 ϕ10 以外		t	0.513	—	—
	土工滤网		m^2	—	115.000	—
	钢丝网（综合）		m^2	—	—	115.000
	低碳钢焊条 J422 ϕ4.0		kg	0.187	—	—
	镀锌铁丝 ϕ2.8~4.0		kg	4.000	—	—
机械	钢筋切断机 40mm		台班	0.161	—	—
	钢筋调直机 14mm		台班	0.125	—	—
	交流弧焊机 21kV·A		台班	0.138	—	—
	电焊条烘干箱 60×50×75（cm^3）		台班	0.014	—	—

4. 导气石笼井填充

工作内容：场内运输、回填、扶正。　　**计量单位：**100m^3

编号				7-1-75	7-1-76
项目				卵石回填	片石回填
名称			单位	消耗量	
人工	合计工日		工日	56.860	74.388
	其中	普工	工日	39.802	52.072
		一般技工	工日	17.058	22.316
材料	级配卵石		m^3	102.000	—
	片石		m^3	—	102.000

十三、调节池浮盖

1. 浮盖高密度聚乙烯（HDPE）土工膜

工作内容：场内运输、裁剪、铺设、焊接、焊缝检测、移位、安装。　　　　计量单位：$100m^2$

编号				7-1-77	7-1-78
项目				厚度（mm）	
				1.5	2
名称			单位	消耗量	
人工	合计工日		工日	2.222	2.956
	其中	普工	工日	0.667	0.887
		一般技工	工日	0.667	0.887
		高级技工	工日	0.889	1.183
材料	高密度聚乙烯土工膜 δ1.5		m^2	107.750	—
	高密度聚乙烯土工膜 δ2.0		m^2	—	107.750
	其他材料费		%	1.50	1.50
机械	双轨焊接机		台班	0.182	0.242
	单轨焊接机		台班	0.182	0.242
	轮胎式装载机 $3m^3$		台班	0.182	0.242

2. 压 重 系 统

(1) 高密度聚乙烯(HDPE)土工膜带连接

工作内容: 场内运输、切割、灌砂、封堵、连接、固定。　　**计量单位:** 100m

编　号			7-1-79	7-1-80	7-1-81
项　目			HDPE 管灌砂		
			管外径(mm)		
			160	200	250
名　称		单位	消　耗　量		
人工	合计工日	工日	53.836	63.468	74.648
人工	其中 普工	工日	26.918	31.734	37.324
人工	其中 一般技工	工日	16.151	19.040	22.394
人工	其中 高级技工	工日	10.767	12.694	14.930
材料	HDPE 实壁管	m	(106.000)	(106.000)	(106.000)
材料	砂子(粗砂)	m^3	2.050	3.203	5.004
材料	高密度聚乙烯土工膜 $\delta 2.0$	m^2	116.600	117.654	118.971
材料	其他材料费	%	1.50	1.50	1.50
机械	单轨焊接机	台班	2.618	2.889	3.701
机械	管子切断机 250mm	台班	1.563	2.083	2.917

(2)不锈钢链条连接

工作内容：场内运输、切割、灌砂、封堵、连接、固定。 **计量单位：**100m

编号				7-1-82	7-1-83	7-1-84
项目				HDPE 管灌砂		
				管外径(mm)		
				160	200	250
名称			单位	消耗量		
人工	合计工日		工日	53.836	63.468	74.648
	其中	普工	工日	26.918	31.734	37.324
		一般技工	工日	16.151	19.040	22.394
		高级技工	工日	10.767	12.694	14.930
材料	HDPE 实壁管		m	(106.000)	(106.000)	(106.000)
	砂子(粗砂)		m^3	2.050	3.203	5.004
	高密度聚乙烯土工膜 δ2.0		m^2	93.323	95.505	98.646
	成品链条 L900		根	16.190	16.190	16.190
	地锚杆		条	5.100	5.100	5.100
	锚环		个	10.200	10.200	10.200
	U 形扣(综合)		付	10.200	10.200	10.200
	其他材料费		%	1.50	1.50	1.50
机械	单轨焊接机		台班	2.618	2.889	3.701
	管子切断机 250mm		台班	1.563	2.083	2.917

3. 浮 动 系 统

工作内容: 裁剪、焊接、封装、场内运输、固定焊接。　　　　**计量单位:** 10 块

编　号				7-1-85	7-1-86
项　目				浮力垫	走道板
				1 000 × 500 × 200	2 000 × 330 × 100
名　称			单位	消　耗　量	
人工	合计工日		工日	7.792	9.615
	其中	普工	工日	2.338	2.884
		一般技工	工日	2.337	2.884
		高级技工	工日	3.117	3.846
材料	高密度聚乙烯土工膜 δ1.5		m^2	20.800	23.218
	聚苯乙烯泡沫板		m^3	1.150	0.759
	其他材料费		%	1.50	1.50
机械	单轨焊接机		台班	1.300	1.560

4. 辅 助 系 统

工作内容：管道切割、土工材料裁剪、场内运输、拼装、固定焊接、检测。 **计量单位：**个

编号				7-1-87	7-1-88	7-1-89
项目				检查孔	取样孔	雨水收集泵井
				孔径(mm)		
				1 000	250	1 000
名称			单位	消耗量		
人工	合计工日		工日	11.008	9.426	13.333
	其中	普工	工日	3.302	2.828	4.000
		一般技工	工日	3.302	2.828	4.000
		高级技工	工日	4.403	3.770	5.334
材料	预拌混凝土 C15		m^3	—	—	0.204
	高密度聚乙烯土工膜 δ1.5		m^2	9.287	4.992	—
	高密度聚乙烯土工膜 δ2.0		m^2	13.772	—	4.082
	高密度聚乙烯防水板 δ10		m^2	1.300	0.325	2.925
	土工复合排水网 5.0mm		m^2	—	—	2.041
	HDPE 实壁管 *dn*200		m	—	0.742	—
	HDPE 实壁管 *dn*250		m	—	0.742	—
	HDPE 实壁管 *dn*800		m	1.060	—	—
	HDPE 实壁管 *dn*1 000		m	—	—	1.060
	聚苯乙烯泡沫板 δ30		m^2	2.080	0.319	—
	其他材料费		%	1.50	1.50	1.50
机械	单轨焊接机		台班	4.267	3.653	5.168

十四、填埋气体处理系统

工作内容：燃烧火炬系统安装、通气、试火、调试。　　　　**计量单位：**套

编　号				7-1-90	7-1-91
项　目				气量（N·m³/h）	
				200	500
名　称			单位	消　耗　量	
人工	合计工日		工日	39.560	50.148
	其中	普工	工日	7.912	10.029
		一般技工	工日	27.692	35.104
		高级技工	工日	3.956	5.015
机械	汽车式起重机 25t		台班	2.300	3.450

十五、地下水监测井

工作内容：配管、下料、加反滤料、洗孔、分段计管口封塞等。　　　　**计量单位：**100m

编　号				7-1-92	7-1-93
项　目				成井（井深 m）	
				50	每增加 1
名　称			单位	消　耗　量	
人工	合计工日		工日	13.223	0.083
	其中	普工	工日	5.288	0.033
		一般技工	工日	6.612	0.041
		高级技工	工日	1.323	0.009
材料	预拌混凝土 C25		m^3	0.330	—
	HDPE 实壁管 *dn*160		m	53.000	1.060
	黏土		m^3	3.180	0.075
	碎石 5~80		m^3	1.180	—
	土工布		m^2	4.500	—
	其他材料费		%	1.50	1.50
机械	履带式起重机 5t		台班	1.875	0.020
	电动单级离心清水泵 150mm		台班	1.375	—

十六、渗滤液抽排井

工作内容：配管、下料、加反滤料、洗孔、分段计管口封塞等。 **计量单位：**10m

编号			7-1-94
项目			渗滤液抽排井
名称		单位	消耗量
人工	合计工日	工日	10.825
	其中 普工	工日	3.248
	其中 一般技工	工日	6.252
	其中 高级技工	工日	1.325
材料	聚乙烯管 PE *DN*900	m	9.700
	管堵 PE *DN*110	个	3.000
	黏土	m^3	10.362
	碎石 5~80	m^3	11.771
	过滤布 双层尼龙筛网 200目	m	9.000
	预制顶盖板 *DN*1 000	个	1.000
	其他材料费	%	1.50
机械	履带式起重机 5t	台班	5.000
	履带式旋挖钻机 1 500mm	台班	1.125
	内燃空气压缩机 17m^3/min	台班	1.225

十七、气体迁移监测井

工作内容：成孔、配管、下料、加反滤料、洗孔、分段计管口封管。　　**计量单位：**10m

编号				7-1-95
项目				气体迁移监测井
名称			单位	消耗量
人工	合计工日		工日	8.901
	其中	普工	工日	2.670
		一般技工	工日	5.173
		高级技工	工日	1.058
材料	预拌混凝土 C25		m^3	0.021
	HDPE 排水管 *dn*110		m	9.300
	碎石 5~80		m^3	0.174
	预制顶盖板 *DN*250		个	1.000
	其他材料费		%	1.50
机械	工程地质液压钻机		台班	2.344
	履带式起重机 5t		台班	1.500
	电动单级离心清水泵 150mm		台班	1.100

十八、封 场 覆 盖

1. 堆 体 整 形

工作内容：垃圾堆体挖方、倒运、修整。　　**计量单位：**1 000m^3

编号				7-1-96	7-1-97	7-1-98	7-1-99
项目				垃圾挖方	倒运一次	推土机推垃圾（运距 m）	
						20 以内	每增加 20
名称			单位	消耗量			
人工	合计工日		工日	7.568	—	7.568	9.003
	其中	普工	工日	5.298	—	5.298	6.302
		一般技工	工日	2.270	—	2.270	2.701
机械	履带式单斗液压挖掘机 1.25m^3		台班	4.700	3.860	—	—
	履带式推土机 135kW		台班	—	—	6.330	3.620

工作内容：垃圾堆体碾压。 **计量单位**：1 000m²

编号				7-1-100	7-1-101	7-1-102
项目				压路机碾压	压实机碾压	
					三遍	每增加一遍
名称			单位	消耗量		
人工	合计工日		工日	7.568	4.472	—
	其中	普工	工日	5.298	3.130	—
		一般技工	工日	2.270	1.342	—
机械	轮胎压路机 20t		台班	4.980	—	—
	手扶式振动压实机 1t		台班	—	4.980	1.560

2. 植被土层铺设

工作内容：摊铺、找平。 **计量单位**：10m³

编号				7-1-103
项目				自然土层
名称			单位	消耗量
人工	合计工日		工日	1.774
	其中	普工	工日	1.242
		一般技工	工日	0.532
材料	黏土		m^3	10.400

3. 植草护坡

工作内容：1. 草床找平，清杂，搬运草皮，铺草，浇水，碾压，清理。
2. 草床找平，覆膜，揭膜，浇水镇压，播种，覆盖无纺布，浇水。　　**计量单位：**100m²

编号				7-1-104	7-1-105
项目				铺种草皮	喷播植草
名称			单位	消耗量	
人工	合计工日		工日	9.034	6.333
	其中	普工	工日	2.710	1.900
		一般技工	工日	6.324	4.433
材料	草皮		m^2	102.000	—
	无纺布		m^2	—	100.000
	塑料薄膜		kg	—	6.650
	水		m^3	11.000	5.000
	其他材料费		%	1.50	1.50

十九、防飞散网

工作内容：放样、截料、展料、安装、绑扎。　　**计量单位：**100m²

编号				7-1-106	7-1-107	7-1-108	7-1-109
项目				钢丝网（高度 m）		尼龙网（高度 m）	
				6以内	每增加1	6以内	每增加1
名称			单位	消耗量			
人工	合计工日		工日	3.096	3.715	1.453	1.817
	其中	普工	工日	1.548	1.858	0.727	0.908
		一般技工	工日	1.548	1.858	0.727	0.909
材料	钢丝网（综合）		m^2	105.000	17.500	—	—
	尼龙网 30目		m^2	—	—	102.981	17.164
	其他材料费		%	1.50	1.50	1.50	1.50

工作内容：放样、画线、截料、平直、钻孔、坡口、拼装、焊接、成品矫正、除锈、刷防锈漆一遍及安放。

计量单位：t

编号				7-1-110
项目				立杆支撑
名称			单位	消耗量
人工	合计工日		工日	10.827
	其中	普工	工日	5.414
		一般技工	工日	5.414
材料	型钢（综合）		t	1.060
	低碳钢焊条 J422 ϕ4.0		kg	17.140
	氧气		m^3	3.890
	乙炔气		kg	1.496
	防锈漆		kg	10.440
	油漆溶剂油		kg	3.000
	其他材料费		%	1.50
机械	汽车式起重机 8t		台班	0.360
	型钢剪断机 500mm		台班	0.120
	交流弧焊机 42kV·A		台班	3.600
	电焊条烘干箱 60×50×75（cm^3）		台班	0.360

二十、渗滤液处理设备安装

1.氨 吹 脱 塔

工作内容：开箱点件、基础画线、场内运输、设备吊装就位、组装、附件组装、清洗、检查、水压试验、试运转。

计量单位：台

编　号				7-1-111	7-1-112
项　目				填料高（m）	
				2	3
				直径（mm 以内）	
				1 000	2 000
名　称			单位	消　耗　量	
人工	合计工日		工日	23.089	38.875
	其中	普工	工日	8.081	13.606
		一般技工	工日	12.699	21.381
		高级技工	工日	2.309	3.887
材料	垫铁		kg	12.000	20.040
	钙基润滑脂		kg	0.200	0.300
	煤油		kg	1.000	1.500
	汽油 70#~90#		kg	1.000	1.500
	氧气		m^3	4.000	6.000
	乙炔气		kg	1.538	2.308
	油漆溶剂油		kg	0.392	0.661
	破布		kg	2.100	3.465
	水		m^3	8.624	14.520
	铁砂布 0#~2#		张	3.000	5.010
	热轧薄钢板 δ3.5~4.0		kg	13.720	23.101
	铬不锈钢电焊条		kg	0.200	0.300
	低碳钢焊条 J422 ϕ3.2		kg	2.000	3.000
	酚醛调和漆		kg	4.900	8.250
	耐酸橡胶板 δ3		kg	1.000	1.500
	型钢（综合）		kg	9.800	16.500
	羊毛毡 6~8		m^2	0.030	0.050
	毛刷 2″		把	1.000	1.000
	镀锌铁丝 ϕ2.8~4.0		kg	6.000	9.000
	其他材料费		%	1.50	1.50
机械	汽车式起重机 8t		台班	0.255	0.429
	汽车式起重机 16t		台班	0.294	0.495
	载重汽车 8t		台班	0.706	1.188
	交流弧焊机 32kV·A		台班	0.980	1.650
	电焊条烘干箱 60×50×75（cm^3）		台班	0.098	0.165

工作内容： 开箱点件、基础画线、场内运输、设备吊装就位、组装、附件组装、清洗、检查、水压试验、试运转。

计量单位： 台

编号				7-1-113	7-1-114
项目				填料高（m）	
				4	5
				直径（mm 以内）	
				3 000	4 000
名称			单位	消耗量	
人工	合计工日		工日	60.079	90.708
	其中	普工	工日	21.028	31.748
		一般技工	工日	33.044	49.889
		高级技工	工日	6.008	9.070
材料	垫铁		kg	30.000	40.000
	钙基润滑脂		kg	0.500	0.700
	煤油		kg	2.500	3.500
	汽油 70#~90#		kg	2.500	3.500
	氧气		m^3	10.000	15.000
	乙炔气		kg	3.846	5.769
	油漆溶剂油		kg	1.020	1.540
	破布		kg	5.400	8.100
	水		m^3	22.400	33.800
	铁砂布 0#~2#		张	8.000	12.000
	热轧薄钢板 δ3.5~4.0		kg	35.700	53.900
	铬不锈钢电焊条		kg	0.350	0.400
	低碳钢焊条 J422 ϕ3.2		kg	4.000	5.000
	酚醛调和漆		kg	12.750	19.250
	耐酸橡胶板 δ3		kg	2.500	3.500
	型钢（综合）		kg	25.500	38.500
	羊毛毡 6~8		m^2	0.070	0.115
	毛刷 2″		把	2.000	2.000
	镀锌铁丝 ϕ2.8~4.0		kg	15.000	23.000
	其他材料费		%	1.50	1.50
机械	汽车式起重机 8t		台班	0.663	1.001
	汽车式起重机 16t		台班	0.765	1.155
	载重汽车 8t		台班	1.836	2.772
	交流弧焊机 32kV·A		台班	2.550	3.850
	电焊条烘干箱 60×50×75（cm^3）		台班	0.255	0.385

2. 膜生物反应器

工作内容： 开箱点件、基础画线、场内运输、设备吊装就位、组装、附件组装、清洗、检查、水压试验。

计量单位： 套

编　号				7-1-115	7-1-116
项　目				内置（浸没）式	外置式
				中空纤维帘式超滤（微滤）膜	管式超滤（微滤）膜
				膜处理系统单元产水能力（m^3/h 以内）	
				15	30
名　称			单位	消　耗　量	
人工	合计工日		工日	15.279	22.918
	其中	普工	工日	3.056	4.584
		一般技工	工日	9.931	14.897
		高级技工	工日	2.292	3.437
材料	热轧薄钢板 δ3.0		m^2	2.102	3.150
	垫铁		kg	10.000	10.000
	石棉橡胶板 δ3~6		kg	5.000	5.000
	钙基润滑脂		kg	0.280	0.420
	机油 5[#]~7[#]		kg	0.630	0.945
	煤油		kg	1.120	1.680
	铅油（厚漆）		kg	0.280	0.420
	盐（工业）		kg	42.000	63.000
	硫酸 98%		kg	2.600	4.000
	氧气		m^3	4.203	6.300
	乙炔气		kg	1.617	2.423
	白棕绳 φ40		kg	5.400	5.400
	电		kW·h	4.202	6.300
	水		m^3	11.200	16.800
	铁砂布 0[#]~2[#]		张	5.600	8.400
	热轧厚钢板 δ10		kg	2.130	3.192
	低碳钢焊条 J422 φ3.2		kg	1.400	2.100
	钢筋 φ10 以内		kg	3.320	4.977
	不锈钢六角螺栓 M16×45		套	8.000	12.000
	不锈钢管 管外径 D57		m	2.240	—
	不锈钢管 管外径 D76		m	—	3.360
	不锈钢管 管外径 D108		m	2.102	—
	不锈钢管 管外径 D159		m	—	3.150
	钢锯条		条	5.000	5.000
	道木 250×200×2 500		根	0.420	0.630
	生料带		kg	0.070	0.105
	镀锌薄钢板 δ0.50~0.65		kg	7.000	10.500
	酚醛调和漆		kg	6.400	9.600
	铬不锈钢电焊条		kg	0.620	0.930
	其他材料费		%	1.50	1.50
机械	汽车式起重机 8t		台班	0.700	1.050
	电动单筒慢速卷扬机 30kN		台班	1.400	2.100
	试压泵 25MPa		台班	1.400	2.100
	电动空气压缩机 $0.6m^3/min$		台班	0.560	0.840
	交流弧焊机 32kV·A		台班	0.700	1.050
	电焊条烘干箱 60×50×75（cm^3）		台班	0.070	0.105

3. 纳滤、反渗透膜组件与装置

工作内容: 开箱点件、基础画线、场内运输、设备吊装就位、组装、附件组装、清洗、检查、水压试验。

计量单位: 套

编号				7-1-117	7-1-118
项目				卷式膜	
				膜处理系统单元产水能力(m^3/h 以内)	
				20	40
名称			单位	消耗量	
人工	合计工日		工日	18.008	36.014
	其中	普工	工日	2.701	5.402
		一般技工	工日	12.605	25.210
		高级技工	工日	2.701	5.403
材料	热轧薄钢板 δ3.0		m^2	2.476	4.950
	垫铁		kg	10.000	12.000
	石棉橡胶板 δ3~6		kg	5.000	5.000
	钙基润滑脂		kg	0.330	0.660
	机油 5^#^~7^#^		kg	0.743	1.485
	煤油		kg	1.320	2.640
	铅油(厚漆)		kg	0.330	0.660
	盐(工业)		kg	49.500	99.000
	硫酸 98%		kg	3.000	6.000
	氧气		m^3	4.950	9.900
	乙炔气		kg	1.904	3.808
	白棕绳 φ40		kg	5.400	5.400
	电		kW·h	4.950	9.900
	水		m^3	13.200	26.400
	铁砂布 0^#^~2^#^		张	6.600	13.200
	热轧厚钢板 δ10		kg	2.508	5.016
	铬不锈钢电焊条		kg	0.731	1.461
	低碳钢焊条 J422 φ3.2		kg	1.650	3.300
	酚醛调和漆		kg	7.200	14.400
	钢筋 φ10 以内		kg	3.911	7.821
	不锈钢管 管外径 D57		m	2.640	5.280
	不锈钢管 管外径 D108		m	2.475	4.950
	钢锯条		条	5.000	5.000
	道木 250×200×2 500		根	0.495	0.990
	生料带		kg	0.083	0.165
	镀锌薄钢板 δ0.50~0.65		kg	8.250	16.500
	不锈钢六角螺栓 M16×45		套	9.000	18.000
	其他材料费		%	1.50	1.50
机械	汽车式起重机 8t		台班	0.825	1.650
	电动单筒慢速卷扬机 30kN		台班	1.650	3.300
	试压泵 25MPa		台班	1.650	3.300
	电动空气压缩机 0.6m^3/min		台班	0.660	1.320
	交流弧焊机 32kV·A		台班	0.825	1.650
	电焊条烘干箱 60×50×75(cm^3)		台班	0.083	0.165

第二章　生活垃圾焚烧

说　　明

一、本章包括自动感应洗车装置安装、垃圾破碎机安装、垃圾卸料门及车辆感应器安装、垃圾抓斗桥式起重机安装、生活垃圾焚烧炉安装、烟气净化处理设备安装、除臭装置设备安装、计量设备安装等项目。

二、生活垃圾焚烧处理工程中的烟气净化处理系统、余热利用系统、灰渣处理系统、飞灰输送和储存系统、电气和自动化控制系统、热力系统汽水管道安装及油漆、防腐、炉墙砌筑，保温系统、供水系统、化学水处理系统、燃油供应、消防、通风空调等配套设备以及水压试验、风压试验、烘炉、煮炉、酸洗、蒸汽严密性试验及安全门调整等，执行《通用安装工程消耗量定额》TY 02-31-2015 相应项目。

三、本章已包括设备单体和配合分系统试运时施工方面的人工、材料、机械的消耗量。分系统调试、整套启动调试、特殊项目测试与试验等调试工程执行《通用安装工程消耗量定额》TY 02-31-2015 第二册《热力设备安装工程》相应项目。

四、本章脚手架搭拆费按《通用安装工程消耗量定额》TY 02-31-2015 第二册《热力设备安装工程》的相应规定计算。

五、工程范围及未包括的工作内容。

1. 自动感应洗车装置安装的工程范围：设备搬运、开箱、清点、编号、分类复核、基础验收、中心线校核、垫铁配制、配合二次灌浆。

2. 垃圾破碎机安装的工程范围：电动或液压双轴破碎机机架底座，活动齿轮，润滑系统，液压管路，随设备供应的梯子、平台、栏杆的安装。大件垃圾破碎机底座，切断机具，润滑系统，液压管路，随设备供应的梯子、平台、栏杆安装。

未包括的工作内容：电动机检查接线。

3. 垃圾卸料门及车辆感应器安装的工程范围：成套卸料门及门框、电液推杆或驱动装置、预埋件、附件及紧固件的安装。车辆感应器定位切槽、下线、固定等安装。

未包括的工作内容：卸料门的指示灯、控制台、就地控制箱、动力柜、限位开关的安装，卸料门的表面涂装由厂家负责。

4. 垃圾抓斗桥式起重机安装的工程范围：大车、小车行走机构和垃圾抓斗的检查，车梁、行走机构、抓斗及其他附件如本体平台扶梯等安装。

未包括的工作内容：起重机设备安装脚手架搭拆、轨道安装、垃圾抓斗控制系统的安装。

5. 生活垃圾焚烧炉安装。

（1）垃圾进料斗及溜槽安装的工程范围：垃圾料斗、垃圾料斗支架、料斗盖驱动装置、架桥破解装置、垃圾溜槽的安装。

（2）液压推杆给料装置安装的工程范围：液压推杆给料装置整体安装和传动机构的检查、组合、固定、安装，推料器、液压缸、料位探测器支架的固定、安装。

未包括的工作内容：料位探测器的检查、组合、安装。

（3）垃圾焚烧炉炉排安装的工程范围：干燥炉排、燃烧炉排、燃烬炉排、炉排液压驱动装置、润滑设备配管及阀门、炉排冷却设备、炉排驱动装置（电磁阀组）及其附件的安装。

按照垃圾焚烧炉炉排散件到货，现场拼装考虑，如果厂家已经部分拼装完成，大件到货，现场组装，则材料消耗量不变，人工消耗量和机械消耗量可以相应调整。

（4）炉排下渣斗安装的工程范围：炉排下部漏渣斗、渣斗溜管、漏渣挡板、漏渣斗用气缸、一次风集管、落渣管、风室及风室下通道等的安装。

（5）除渣装置安装的工程范围：除渣机安装在焚烧炉炉后下部，采用液压驱动方式，内容包括除渣机、液压油缸、控制水箱、控制水阀等的安装。

（6）液压站安装的工程范围：成套液压装置包括液压泵、油箱、液压油冷却器、温度开关、就地型温度计、液位开关、就地型液位计、设备本体管道及附件等的安装。

未包括的工作内容：设备本体以外的液压管道及阀门的安装。

（7）燃烧装置安装的工程范围：燃烧器装置包括点火燃烧器和辅助燃烧器，内容分别包括燃烧器本体及支架、高能点火装置、火焰检测装置、隔离门及其支吊架等的安装。

未包括的工作内容：管路及阀门系统、就地柜、风机、消音器、电源电缆、通信电缆及附件等的安装。

（8）清灰装置安装。

①振打清灰装置的工程范围：电机、减速机、转轴、振打锤、传动杆、密封装置、内部振打杆的安装。

②激波式清灰装置的工程范围：可燃气混合装置、放水阀、对夹止回阀、火焰导管、旋转集箱、脉冲罐等的安装。

6. 烟气净化处理设备安装。

（1）喷雾反应塔安装的工程范围：雾化器及其清洗装置和冷却装置、反应塔本体（含顶部蜗壳、钢结构、平台扶梯）、灰斗及其破桥装置和出灰装置、阀门、灰斗伴热装置等的安装。

未包括的工作内容：基础预埋框架、地脚螺栓、支架、底座的配制，不随设备供货而与设备连接的各种管道的安装、设备的衬里等。

（2）活性炭喷射系统安装的工程范围：活性炭仓、仓顶除尘器、破拱装置、活性炭储存和输送系统设备平台扶梯的组合、安装，随设备供货的管道、阀门、管件等的安装。

7. 除臭装置设备安装的工程范围：设备、附件、底座螺栓开箱检查，吊装、找平、找正、支架的固定及安装。

未包括的工作内容：不随设备供货而与设备连接的各种管道等的安装。

8. 计量设备安装的工程范围：汽车衡配件的组装、安装。

未包括的工作内容：防雨罩的安装。

工程量计算规则

一、本章以设备重量计算的项目，除另有规定外，应按设备本体及联体的平台、梯子、栏杆、支架、屏盘、电机、安全罩和设备本体第一个法兰以内的管道等全部重量计算。

二、生活垃圾焚烧炉本体重量以制造厂供货的金属质量为准，未包括设备的包装材料、运输加固件、炉墙及保温等的质量。

三、垃圾卸料门安装按门框外尺寸以面积计算，包括成套卸料门及门框、电液推杆或驱动装置、预埋件、附件及紧固件等。

四、除渣装置按设备重量以“t”计算，包括除渣机、液压油缸、控制水箱、控制水阀等。

五、炉排液压站按设备重量以“t”计算，包括液压泵、油箱、液压油冷却器、设备本体管道及附件等。

六、燃烧器装置按设计数量以“台”计算，包括燃烧器本体及支架、高能点火装置、火焰检测装置、隔离门及其支吊架等。

七、振打清灰装置按设计数量以“点”计算，包括电机、减速机、转轴、振打锤、传动杆、密封装置、内部振打杆等。

八、激波式清灰装置按设计数量以“点”计算，包括可燃气混合装置、放水阀、对夹止回阀、火焰导管、旋转集箱、脉冲罐等。

九、喷雾反应塔系统按设备重量以“t”计算，包括雾化器及其清洗装置和冷却装置、反应塔本体（含顶部蜗壳、钢结构、平台扶梯）、灰斗及其破桥装置和出灰装置、阀门、灰斗伴热装置等。

十、活性炭喷射系统按设备重量以“t”计算，包括活性炭仓、仓顶除尘器、破拱装置、活性炭储存和输送系统设备平台扶梯，随设备供货的管道、阀门、管件等。

十一、除臭装置按设计数量以“台”计算，包括除臭装置本体及管道、支架、随设备成套的附属设备、阀门、管件等。

十二、除臭剂喷雾系统按设计数量以“套”计算，包括溶液箱、高压泵等，未包括高压管道和雾化喷嘴、控制箱等。

十三、汽车衡安装根据工艺系统设计流程及设备出力，按照设计安装数量以“台”计算。

一、自动感应洗车装置安装

工作内容：设备检查、组合、吊装、就位、安装调试。 **计量单位：**套

编号			7-2-1
项目			自动感应洗车装置
名称		单位	消耗量
人工	合计工日	工日	26.402
人工	其中 普工	工日	13.201
人工	其中 一般技工	工日	13.201
材料	中厚钢板（综合）	kg	5.000
材料	垫铁	kg	18.000
材料	镀锌铁丝 ϕ4.0	kg	5.500
材料	低碳钢焊条 J422 ϕ4.0	kg	2.100
材料	氧气	m^3	2.200
材料	乙炔气	kg	0.846
材料	其他材料费	%	1.50
机械	载重汽车 15t	台班	0.800
机械	汽车式起重机 16t	台班	0.800
机械	直流弧焊机 20kV·A	台班	0.250
机械	电焊条烘干箱 60×50×75（cm^3）	台班	0.025

二、垃圾破碎机安装

1. 电动双轴破碎机

工作内容：设备检查、组合、吊装、就位、安装调试。　　**计量单位：**台

编　号				7-2-2
项　目				电动双轴破碎机
				45t/h
名　称			单位	消　耗　量
人工	合计工日		工日	16.722
	其中	普工	工日	5.017
		一般技工	工日	10.033
		高级技工	工日	1.672
材料	中厚钢板(综合)		kg	14.286
	低碳钢焊条 J422 ϕ4.0		kg	0.213
	道木		m^3	0.050
	钙基润滑脂		kg	0.490
	垫铁		kg	17.690
	氧气		m^3	2.339
	乙炔气		kg	0.900
	其他材料费		%	1.50
机械	载重汽车 8t		台班	0.385
	汽车式起重机 30t		台班	0.385
	交流弧焊机 32kV·A		台班	0.044
	电焊条烘干箱 $60\times50\times75(cm^3)$		台班	0.004

2. 液压双轴破碎机

工作内容：设备检查、组合、吊装、就位、安装调试。 **计量单位：**台

编号			单位	7-2-3	7-2-4
项目				液压双轴破碎机 (t/h 以内)	
				20	45
名称			单位	消耗量	
人工	合计工日		工日	15.289	24.685
	其中	普工	工日	4.586	7.406
		一般技工	工日	9.174	14.811
		高级技工	工日	1.529	2.468
材料	中厚钢板(综合)		kg	7.619	8.762
	低碳钢焊条 J422 ϕ4.0		kg	0.194	0.223
	道木		m^3	0.050	0.058
	钙基润滑脂		kg	0.294	0.490
	垫铁		kg	16.708	17.690
	氧气		m^3	1.559	2.339
	乙炔气		kg	0.600	0.900
	其他材料费		%	1.50	1.50
机械	载重汽车 8t		台班	0.385	0.385
	汽车式起重机 30t		台班	0.385	0.385
	交流弧焊机 32kV·A		台班	0.040	0.046
	电焊条烘干箱 60×50×75(cm^3)		台班	0.004	0.005

3. 大件垃圾破碎机

工作内容：设备检查、组合、吊装、就位、安装调试。　　**计量单位：**台

编　号				7-2-5	7-2-6	7-2-7	7-2-8
项　目				大件垃圾破碎机（t/h 以内）			
				30	45	60	90
名　称			单位	消　耗　量			
人工	合计工日		工日	19.907	25.482	27.870	31.055
	其中	普工	工日	5.972	7.645	8.361	9.316
		一般技工	工日	11.945	15.289	16.722	18.634
		高级技工	工日	1.991	2.548	2.787	3.105
材料	中厚钢板（综合）		kg	6.667	7.000	7.350	7.718
	低碳钢焊条 J422 ϕ4.0		kg	0.243	0.246	0.252	0.256
	道木		m^3	0.050	0.060	0.070	0.080
	垫铁		kg	16.708	17.543	18.420	19.341
	钙基润滑脂		kg	0.490	0.496	0.503	0.509
	氧气		m^3	2.339	2.410	2.482	2.556
	乙炔气		kg	0.900	0.927	0.955	0.983
	其他材料费		%	1.50	1.50	1.50	1.50
机械	载重汽车 8t		台班	0.501	0.516	0.530	0.547
	汽车式起重机 30t		台班	0.501	0.516	0.530	0.547
	交流弧焊机 32kV·A		台班	0.065	0.066	0.067	0.068
	电焊条烘干箱 60×50×75（cm^3）		台班	0.007	0.007	0.007	0.007

三、垃圾卸料门及车辆感应器安装

1. 卸 料 门

（1）立式垃圾卸料门

工作内容：卸料门检查、组合、吊装、就位、安装调试。 **计量单位：**m^2

编号			7-2-9	7-2-10
项目			立式平开垃圾卸料门	立式提升垃圾卸料门
名称		单位	消耗量	
人工	合计工日	工日	1.591	1.673
	其中 普工	工日	0.397	0.418
	其中 一般技工	工日	1.035	1.087
	其中 高级技工	工日	0.159	0.168
材料	中厚钢板（综合）	kg	0.190	0.150
	低碳钢焊条 J422 ϕ4.0	kg	0.162	0.194
	道木	m^3	0.005	0.010
	煤油	kg	0.078	0.098
	钙基润滑脂	kg	0.049	0.105
	氧气	m^3	0.132	0.166
	乙炔气	kg	0.051	0.064
	其他材料费	%	1.50	1.50
机械	载重汽车 8t	台班	0.016	0.016
	汽车式起重机 25t	台班	0.062	0.085
	交流弧焊机 32kV·A	台班	0.033	0.040
	电焊条烘干箱 60×50×75（cm^3）	台班	0.003	0.004

(2)提拉式垃圾卸料门

工作内容:卸料门检查、组合、吊装、就位、安装调试。 **计量单位:**m^2

编号				7-2-11
项目				提拉式垃圾卸料门
名称			单位	消耗量
人工	合计工日		工日	1.513
	其中	普工	工日	0.378
		一般技工	工日	0.983
		高级技工	工日	0.151
材料	中厚钢板(综合)		kg	0.095
	低碳钢焊条 J422 ϕ4.0		kg	0.185
	道木		m^3	0.006
	煤油		kg	0.196
	钙基润滑脂		kg	0.069
	氧气		m^3	0.172
	乙炔气		kg	0.066
	其他材料费		%	1.50
机械	载重汽车 8t		台班	0.024
	汽车式起重机 25t		台班	0.078
	交流弧焊机 32kV·A		台班	0.038
	电焊条烘干箱 60×50×75(cm^3)		台班	0.004

(3)卷帘式垃圾卸料门

工作内容：卸料门检查、组合、吊装、就位、安装调试。 **计量单位：**m^2

编号				7-2-12
项目				卷帘式垃圾卸料门
名称			单位	消耗量
人工	合计工日		工日	1.338
	其中	普工	工日	0.335
		一般技工	工日	0.869
		高级技工	工日	0.134
材料	中厚钢板(综合)		kg	0.095
	低碳钢焊条 J422 ϕ4.0		kg	0.055
	道木		m^3	0.080
	煤油		kg	0.163
	钙基润滑脂		kg	0.041
	氧气		m^3	0.104
	乙炔气		kg	0.040
	其他材料费		%	1.50
机械	载重汽车 8t		台班	0.002
	汽车式起重机 25t		台班	0.029
	交流弧焊机 32kV·A		台班	0.011
	电焊条烘干箱 60×50×75(cm^3)		台班	0.001

（4）翻板式垃圾卸料门

工作内容：卸料门检查、组合、吊装、就位、安装调试。　　**计量单位：**m^2

编　号				7-2-13
项　目				翻板式垃圾卸料门
名　称			单位	消　耗　量
人工	合计工日		工日	1.678
	其中	普工	工日	0.418
		一般技工	工日	1.090
		高级技工	工日	0.169
材料	中厚钢板（综合）		kg	0.186
	低碳钢焊条 J422 ϕ4.0		kg	0.221
	道木		m^3	0.010
	煤油		kg	0.278
	钙基润滑脂		kg	1.161
	氧气		m^3	0.319
	乙炔气		kg	0.123
	其他材料费		%	1.50
机械	载重汽车 8t		台班	0.038
	汽车式起重机 25t		台班	0.092
	交流弧焊机 32kV·A		台班	0.040
	电焊条烘干箱 60×50×75（cm^3）		台班	0.004

2. 车辆感应器

工作内容：开箱检查、器材搬运、定位切槽、下线、安装调试、保护、清场。 **计量单位：**套

编号				7-2-14	7-2-15	7-2-16
项目				电感线圈车辆探测器	红外车辆探测器	红外车型识别仪
名称			单位	消耗量		
人工	合计工日		工日	0.748	1.496	2.244
	其中	普工	工日	0.217	0.433	0.652
		一般技工	工日	0.427	0.853	1.279
		高级技工	工日	0.105	0.210	0.314
材料	环氧树脂		kg	2.280	—	—
	膨胀螺栓 M16		套	3.071	15.353	3.071
	其他材料费		%	1.50	1.50	1.50
机械	混凝土切缝机		台班	1.652	—	—

四、垃圾抓斗桥式起重机安装

工作内容：行车梁校直检测、组合、吊装、安装就位、道轨水平测量、运行调试。　　**计量单位：**台

编　号				7-2-17	7-2-18	7-2-19	7-2-20
项　目				起重量（t 以内）			
				5		8	
				跨距（m 以内）			
				10	25.5	13.5	25.5
名　称			单位	消　耗　量			
人工	合计工日		工日	56.821	67.005	65.329	74.176
	其中	普工	工日	19.887	23.451	22.865	25.961
		一般技工	工日	28.411	33.503	32.665	37.088
		高级技工	工日	8.523	10.051	9.800	11.127
材料	中厚钢板（综合）		kg	0.850	0.850	1.000	1.000
	低碳钢焊条 J422 ϕ4.0		kg	4.494	4.967	5.492	6.017
	木板		m^3	0.063	0.105	0.088	0.125
	道木		m^3	0.344	0.344	0.344	0.344
	汽油（综合）		kg	2.183	2.407	2.662	2.948
	煤油		kg	8.831	9.765	10.374	11.466
	机油		kg	3.939	4.343	4.798	5.303
	钙基润滑脂		kg	8.151	9.019	11.039	11.100
	氧气		m^3	2.800	3.098	2.868	3.290
	乙炔气		kg	1.077	1.192	1.103	1.265
	其他材料费		%	1.50	1.50	1.50	1.50
机械	载重汽车 8t		台班	0.767	1.534	0.767	1.534
	汽车式起重机 8t		台班	0.767	1.534	1.534	1.534
	汽车式起重机 16t		台班	0.767	—	—	—
	汽车式起重机 25t		台班	—	1.534	—	—
	汽车式起重机 32t		台班	0.819	—	2.270	—
	汽车式起重机 50t		台班	—	1.534	—	2.332
	交流弧焊机 32kV·A		台班	1.202	1.329	1.469	1.609
	电焊条烘干箱 60×50×75（cm^3）		台班	0.120	0.133	0.147	0.161

工作内容：行车梁校直检测、组合、吊装、安装就位、道轨水平测量、运行调试。 **计量单位：**台

编号				7-2-21	7-2-22	7-2-23	7-2-24
项目				起重量（t 以内）			
				13		18	
				跨距（m 以内）			
				13.5	31.5	16.5	31.5
名称			单位	消耗量			
人工	合计工日		工日	73.023	88.423	86.286	104.791
	其中	普工	工日	25.557	30.947	30.200	36.676
		一般技工	工日	36.511	44.212	43.143	52.396
		高级技工	工日	10.954	13.264	12.943	15.719
材料	中厚钢板（综合）		kg	1.100	1.100	1.100	1.100
	低碳钢焊条 J422 ϕ4.0		kg	6.027	6.615	6.720	6.825
	木板		m^3	0.120	0.175	0.150	0.200
	道木		m^3	0.344	0.344	0.344	0.344
	汽油（综合）		kg	3.070	3.203	3.325	3.478
	煤油		kg	11.666	12.905	12.915	12.915
	机油		kg	5.333	5.838	5.858	6.060
	钙基润滑脂		kg	12.474	13.787	12.928	13.938
	氧气		m^3	3.194	3.386	3.356	3.644
	乙炔气		kg	1.228	1.302	1.291	1.402
	其他材料费		%	1.50	1.50	1.50	1.50
机械	载重汽车 8t		台班	0.767	1.534	1.534	2.301
	汽车式起重机 8t		台班	1.534	1.534	1.534	1.534
	汽车式起重机 32t		台班	2.577	—	—	—
	汽车式起重机 50t		台班	—	2.822	2.761	—
	汽车式起重机 75t		台班	—	—	—	3.129
	交流弧焊机 32kV·A		台班	1.612	1.769	1.798	1.826
	电焊条烘干箱 60×50×75（cm^3）		台班	0.161	0.177	0.180	0.183

五、生活垃圾焚烧炉安装

1. 垃圾进料斗及溜槽

工作内容：料斗及支架的校正、组合、安装，驱动装置、架桥破解装置的检查、安装调试，垃圾溜槽及水冷夹套的组合、安装调试。

计量单位：t

编　号				7-2-25	7-2-26	7-2-27
项　目				焚烧炉出力（t/d 以内）		
				400	600	800
名　称			单位	消　耗　量		
人工	合计工日		工日	6.295	6.244	5.702
	其中	普工	工日	1.259	1.249	1.140
		一般技工	工日	5.036	4.995	4.561
材料	型钢（综合）		kg	7.120	6.410	5.940
	中厚钢板（综合）		kg	5.550	3.800	3.450
	低碳钢焊条 J422 ϕ4.0		kg	5.910	5.740	5.440
	氧气		m^3	7.150	6.490	6.180
	乙炔气		kg	2.750	2.496	2.377
	钍钨极棒		g	15.020	14.690	12.940
	煤油		kg	7.500	6.500	5.000
	其他材料费		%	1.50	1.50	1.50
机械	汽车式起重机 16t		台班	0.190	—	0.073
	汽车式起重机 25t		台班	0.200	0.229	0.222
	平板拖车组 30t		台班	0.262	0.200	0.185
	交流弧焊机 32kV·A		台班	1.216	1.181	1.119
	电焊条烘干箱 60×50×75（cm^3）		台班	0.122	0.118	0.112

2. 液压推杆给料装置

工作内容：液压推杆给料装置整体安装和传动机构的检查、组合、固定、安装调试，推料器、液压缸、料位探测器支架的固定、安装调试。

计量单位：t

编号				7-2-28	7-2-29	7-2-30
项目				焚烧炉出力（t/d 以内）		
				400	600	800
名称			单位	消耗量		
人工	合计工日		工日	6.478	5.576	4.899
	其中	普工	工日	1.944	1.674	1.470
		一般技工	工日	3.887	3.345	2.939
		高级技工	工日	0.648	0.557	0.490
材料	型钢（综合）		kg	8.338	7.862	6.125
	中厚钢板（综合）		kg	7.586	3.864	3.516
	低碳钢焊条 J422 ϕ4.0		kg	10.161	9.003	8.673
	钍钨极棒		g	23.041	18.905	18.314
	氧气		m^3	7.083	5.945	5.381
	乙炔气		kg	2.724	2.287	2.070
	其他材料费		%	1.50	1.50	1.50
机械	汽车式起重机 25t		台班	0.339	0.301	0.278
	平板拖车组 30t		台班	0.339	0.301	0.266
	电动空气压缩机 10m^3/min		台班	0.149	0.152	0.158
	交流弧焊机 32kV·A		台班	2.091	1.852	1.785
	电焊条烘干箱 60×50×75（cm^3）		台班	0.209	0.185	0.179

3. 垃圾焚烧炉炉排

工作内容： 炉排片及附件（属制造厂模块化单元结构，零部件已组装）的吊装就位和拼装，传动及液压润滑装置、冷却装置、测温装置的检查、组合、安装调试。　**计量单位：** t

编号				7-2-31	7-2-32	7-2-33
项目				焚烧炉出力（t/d 以内）		
				400	600	800
名称			单位	消耗量		
人工	合计工日		工日	8.708	7.493	6.590
	其中	普工	工日	2.612	2.248	1.977
		一般技工	工日	5.225	4.496	3.954
		高级技工	工日	0.871	0.749	0.659
材料	型钢（综合）		kg	8.965	8.454	6.586
	中厚钢板（综合）		kg	8.157	4.155	3.781
	低碳钢焊条 J422 ϕ4.0		kg	10.926	9.681	9.326
	钍钨极棒		g	24.775	20.328	19.693
	氧气		m^3	7.616	6.392	5.786
	乙炔气		kg	2.929	2.458	2.225
	其他材料费		%	1.50	1.50	1.50
机械	汽车式起重机 25t		台班	0.364	0.323	0.299
	平板拖车组 30t		台班	0.364	0.323	0.286
	电动空气压缩机 $10m^3/min$		台班	0.160	0.163	0.169
	交流弧焊机 32kV·A		台班	2.248	1.992	1.919
	电焊条烘干箱 60×50×75（cm^3）		台班	0.225	0.199	0.192

4. 炉排下渣斗

工作内容：渣（灰）斗及支架的校正、组合、安装调试。 **计量单位：**t

编号				7-2-34
项目				炉排下渣斗
名称			单位	消耗量
人工	合计工日		工日	4.259
	其中	普工	工日	0.851
		一般技工	工日	3.407
材料	型钢（综合）		kg	8.421
	中厚钢板（综合）		kg	2.411
	低碳钢焊条 J422 ϕ4.0		kg	13.745
	石棉扭绳（综合）		kg	0.840
	枕木 2 500×200×160		根	0.124
	氧气		m^3	10.055
	乙炔气		kg	3.867
	其他材料费		%	1.50
机械	载重汽车 8t		台班	0.050
	汽车式起重机 8t		台班	0.420
	汽车式起重机 16t		台班	0.070
	自升式塔式起重机 600kN·m		台班	0.091
	交流弧焊机 32kV·A		台班	2.828
	电焊条烘干箱 60×50×75（cm^3）		台班	0.283

5.除渣装置

工作内容：除渣机、液压驱动装置的检查、组合、固定、安装调试。　　　　**计量单位：**t

编　　号				7-2-35
项　　目				除渣装置
名　　称			单位	消　耗　量
人工	合计工日		工日	4.130
	其中	普工	工日	1.239
		一般技工	工日	2.478
		高级技工	工日	0.413
材料	型钢（综合）		kg	4.380
	中厚钢板（综合）		kg	5.865
	低碳钢焊条 J422 ϕ4.0		kg	1.870
	石棉扭绳（综合）		kg	1.060
	石棉橡胶板 δ0.8~6.0		kg	0.990
	煤油		kg	1.100
	钙基润滑脂		kg	0.660
	枕木 2 500×200×160		根	0.036
	氧气		m^3	8.370
	乙炔气		kg	3.219
	铅油（厚漆）		kg	1.120
	其他材料费		%	1.50
机械	汽车式起重机 30t		台班	0.170
	门式起重机 30t		台班	0.530
	平板拖车组 40t		台班	0.050
	交流弧焊机 32kV·A		台班	0.385
	电焊条烘干箱 60×50×75（cm^3）		台班	0.039

6. 液　压　站

工作内容：成套液压设备和附带管道及附件的检查、就位、安装调试。　　　　**计量单位：**t

编　号				7-2-36	7-2-37
项　目				油箱容积（m^3 以内）	
				1	2
名　称			单位	消　耗　量	
人工	合计工日		工日	22.291	19.384
	其中	普工	工日	4.458	3.877
		一般技工	工日	17.833	15.507
材料	垫铁		kg	10.350	9.000
	低碳钢焊条 J422 ϕ4.0		kg	3.597	3.128
	氧气		m^3	5.433	4.724
	乙炔气		kg	2.090	1.817
	煤油		kg	2.311	2.010
	汽油（综合）		kg	1.156	1.005
	纱锭油		kg	1.156	1.005
	机油		kg	0.155	0.135
	钙基润滑脂		kg	1.242	1.080
	液压油		kg	0.155	0.135
	石棉橡胶板 δ0.8~6.0		kg	0.413	0.359
	耐油橡胶板		kg	0.243	0.211
	石棉绳		kg	1.216	1.058
	密封带		m	0.073	0.063
	青壳纸 δ0.1~1.0		kg	0.243	0.211
	密封膏		kg	0.121	0.106
	铅粉石棉绳 ϕ6		kg	0.121	0.106
	碳钢氩弧焊丝		kg	4.312	3.750
	钍钨棒		kg	0.164	0.143
	氩气		m^3	12.074	10.500
	盐酸		kg	8.625	7.500
	氢氧化钠（烧碱）		kg	2.587	2.250
	其他材料费		%	1.50	1.50
机械	载重汽车 8t		台班	0.146	0.127
	汽车式起重机 8t		台班	0.308	0.268
	履带式起重机 10t		台班	0.132	0.115
	电动空气压缩机 10m^3/min		台班	0.244	0.212
	交流弧焊机 32kV·A		台班	0.740	0.644
	氩弧焊机 500A		台班	4.791	4.167
	电焊条烘干箱 60×50×75（cm^3）		台班	0.553	0.481

工作内容：成套液压设备和附带管道及附件的检查、就位、安装调试。　　　　**计量单位：**t

编　　号				7-2-38	7-2-39
项　　目				油箱容积（m^3 以内）	
				5	10
名　　称			单位	消　耗　量	
人工	合计工日		工日	17.736	16.086
	其中	普工	工日	3.548	3.217
		一般技工	工日	14.188	12.869
材料	垫铁		kg	8.250	7.500
	低碳钢焊条 J422 ϕ4.0		kg	2.963	2.790
	氧气		m^3	4.463	4.210
	乙炔气		kg	1.717	1.619
	煤油		kg	1.901	1.792
	汽油（综合）		kg	0.951	0.897
	纱锭油		kg	0.951	0.896
	机油		kg	0.116	0.097
	钙基润滑脂		kg	0.930	0.780
	液压油		kg	0.116	0.097
	石棉橡胶板 δ0.8~6.0		kg	0.285	0.207
	耐油橡胶板		kg	0.167	0.122
	石棉绳		kg	0.836	0.611
	密封带		m	0.050	0.037
	青壳纸 δ0.1~1.0		kg	0.167	0.122
	密封膏		kg	0.084	0.061
	铅粉石棉绳 ϕ6		kg	0.084	0.061
	碳钢氩弧焊丝		kg	2.888	2.025
	钍钨棒		kg	0.112	0.083
	氩气		m^3	8.086	5.670
	盐酸		kg	5.625	3.750
	氢氧化钠（烧碱）		kg	1.687	1.125
	其他材料费		%	1.50	1.50
机械	载重汽车 8t		台班	0.119	0.110
	汽车式起重机 8t		台班	0.230	0.186
	履带式起重机 10t		台班	0.099	0.080
	电动空气压缩机 10m^3/min		台班	0.159	0.106
	交流弧焊机 32kV·A		台班	0.610	0.574
	氩弧焊机 500A		台班	3.209	2.250
	电焊条烘干箱 60×50×75（cm^3）		台班	0.382	0.282

7. 燃 烧 装 置

工作内容：燃烧装置及附件的检查、组合、就位、固定、安装调试。 **计量单位：**台

编 号				7-2-40
项 目				燃烧装置
名 称			单位	消 耗 量
人工	合计工日		工日	7.303
	其中	普工	工日	2.191
		一般技工	工日	4.382
		高级技工	工日	0.730
材料	型钢（综合）		kg	4.987
	中厚钢板（综合）		kg	6.080
	低碳钢焊条 J422 ϕ4.0		kg	8.170
	氧气		m^3	7.888
	乙炔气		kg	3.034
	镀锌铁丝 ϕ2.8~4.0		kg	4.089
	铅油（厚漆）		kg	0.380
	石棉扭绳（综合）		kg	0.380
	花篮螺栓 M16×250		套	0.380
	其他材料费		%	1.50
机械	载重汽车 8t		台班	0.075
	汽车式起重机 8t		台班	0.094
	履带式起重机 15t		台班	0.401
	试压泵 60MPa		台班	0.059
	立式钻床 25mm		台班	0.354
	交流弧焊机 32kV·A		台班	1.681
	电焊条烘干箱 60×50×75（cm^3）		台班	0.168

8.清 灰 装 置

工作内容：设备检查、清理、组合、就位、固定、安装调试。　　**计量单位：**点

编　号				7-2-41	7-2-42
项　目				激波式	振打式
名　称			单位	消耗量	
人工	合计工日		工日	4.291	10.421
	其中	普工	工日	1.416	3.439
		一般技工	工日	2.875	6.982
材料	型钢（综合）		kg	1.342	—
	热轧薄钢板（综合）		kg	2.233	0.770
	低碳钢焊条 J422 ϕ4.0		kg	5.038	5.038
	氧气		m^3	0.968	0.968
	乙炔气		kg	0.372	0.372
	铅油（厚漆）		kg	0.743	0.743
	其他材料费		%	1.50	1.50
机械	汽车式起重机 8t		台班	0.950	0.950
	交流弧焊机 32kV·A		台班	1.037	1.037
	电焊条烘干箱 60×50×75（cm^3）		台班	0.104	0.104

六、烟气净化处理设备安装

1. 喷雾反应塔

工作内容：设备检查、清理、组合（现场组装）、吊装、就位、固定、调整及安装调试。 **计量单位：**t

编　号				7-2-43
项　目				喷雾反应塔
名　称			单位	消 耗 量
人工	合计工日		工日	6.860
	其中	普工	工日	2.058
		一般技工	工日	4.116
		高级技工	工日	0.686
材料	型钢（综合）		kg	8.776
	低碳钢焊条 J422 ϕ4.0		kg	25.901
	铬不锈钢电焊条		kg	1.435
	六角螺栓带螺母（综合）		kg	4.535
	氧气		m^3	3.653
	乙炔气		kg	1.405
	其他材料费		%	1.50
机械	汽车式起重机 25t		台班	0.250
	汽车式起重机 40t		台班	0.096
	汽车式起重机 100t		台班	0.026
	平板拖车组 30t		台班	0.031
	交流弧焊机 32kV·A		台班	5.713
	电焊条烘干箱 60×50×75（cm^3）		台班	0.571

2. 活性炭喷射系统

工作内容：设备检查、组装、喷嘴调整、支架的固定及安装调试。　　　　**计量单位：**t

编　号				7-2-44
项　目				活性炭喷射系统
名　称			单位	消　耗　量
人工	合计工日		工日	8.186
	其中	普工	工日	2.456
		一般技工	工日	5.730
材料	型钢（综合）		kg	8.776
	低碳钢焊条 J422 ϕ4.0		kg	30.045
	铬不锈钢电焊条		kg	1.500
	六角螺栓带螺母（综合）		kg	4.535
	氧气		m^3	5.335
	乙炔气		kg	2.052
	其他材料费		%	1.50
机械	载重汽车 8t		台班	0.028
	汽车式起重机 8t		台班	0.095
	汽车式起重机 16t		台班	0.011
	交流弧焊机 32kV·A		台班	6.583
	电焊条烘干箱 60×50×75（cm^3）		台班	0.658

七、除臭装置设备安装

1. 活性炭吸附器

工作内容：设备、附件、底座螺栓开箱检查，吊装、找平、找正、支架的固定及安装调试。　　**计量单位：**台

编号				7-2-45	7-2-46	7-2-47
项目				处理风量（m^3/h 以下）		
				30 000	90 000	120 000
名称			单位	消耗量		
人工	合计工日		工日	27.795	37.324	43.172
	其中	普工	工日	5.003	6.718	7.771
		一般技工	工日	20.291	27.247	31.516
		高级技工	工日	2.502	3.359	3.885
材料	中厚钢板（综合）		kg	20.600	41.200	49.440
	低碳钢焊条 J422 ϕ4.0		kg	4.550	9.100	10.920
	氧气		m^3	8.180	16.360	19.632
	乙炔气		kg	3.146	6.292	7.551
	其他材料费		%	1.50	1.50	1.50
机械	载重汽车 8t		台班	1.480	1.200	1.800
	汽车式起重机 16t		台班	0.400	—	—
	汽车式起重机 25t		台班	—	0.700	—
	汽车式起重机 50t		台班	—	—	0.840
	平板拖车组 30t		台班	—	0.600	0.720
	交流弧焊机 32kV·A		台班	0.936	1.872	2.247
	电焊条烘干箱 60×50×75（cm^3）		台班	0.094	0.187	0.225

工作内容：设备、附件、底座螺栓开箱检查，吊装、找平、找正、支架的固定及安装调试。　　**计量单位**：台

编　号				7-2-48	7-2-49
项　目				处理风量（m^3/h 以下）	
				180 000	210 000
名　称			单位	消　耗　量	
人工	合计工日		工日	51.806	62.168
	其中	普工	工日	9.325	11.190
		一般技工	工日	37.819	45.382
		高级技工	工日	4.663	5.595
材料	中厚钢板（综合）		kg	59.328	71.194
	低碳钢焊条 J422 ϕ4.0		kg	13.104	15.725
	氧气		m^3	23.558	28.270
	乙炔气		kg	9.061	10.873
	其他材料费		%	1.50	1.50
机械	载重汽车 8t		台班	2.160	2.592
	汽车式起重机 50t		台班	1.008	—
	汽车式起重机 100t		台班	—	1.210
	平板拖车组 30t		台班	0.864	1.037
	交流弧焊机 32kV·A		台班	2.696	3.236
	电焊条烘干箱 60×50×75（cm^3）		台班	0.270	0.324

2. 紫外线除臭器

工作内容：设备、附件、底座螺栓开箱检查，吊装、找平、找正、支架的固定及安装调试。　　**计量单位：**台

编号				7-2-50	7-2-51	7-2-52
项目				处理风量（m^3/h 以下）		
				30 000	90 000	120 000
名称			单位	消耗量		
人工	合计工日		工日	18.948	21.734	26.192
	其中	普工	工日	3.411	3.912	4.715
		一般技工	工日	13.831	15.866	19.120
		高级技工	工日	1.705	1.956	2.357
材料	中厚钢板（综合）		kg	10.600	10.600	10.600
	低碳钢焊条 J422 ϕ4.0		kg	2.550	2.550	3.400
	氧气		m^3	4.180	4.180	5.610
	乙炔气		kg	1.608	1.608	2.158
	其他材料费		%	1.50	1.50	1.50
机械	载重汽车 8t		台班	0.960	1.440	1.700
	汽车式起重机 8t		台班	0.400	0.400	0.500
	交流弧焊机 32kV·A		台班	0.525	0.525	0.700
	电焊条烘干箱 60×50×75（cm^3）		台班	0.053	0.053	0.070

工作内容：设备、附件、底座螺栓开箱检查，吊装、找平、找正、支架的固定及安装调试。 **计量单位：**台

编号				7-2-53	7-2-54
项目				处理风量（m^3/h 以下）	
				180 000	210 000
名称			单位	消耗量	
人工	合计工日		工日	36.223	42.355
	其中	普工	工日	6.520	7.623
		一般技工	工日	26.443	30.920
		高级技工	工日	3.260	3.812
材料	中厚钢板（综合）		kg	14.840	20.670
	低碳钢焊条 J422 ϕ4.0		kg	5.100	7.600
	氧气		m^3	8.470	11.220
	乙炔气		kg	3.258	4.315
	其他材料费		%	1.50	1.50
机械	载重汽车 8t		台班	2.100	2.440
	汽车式起重机 8t		台班	0.600	0.700
	交流弧焊机 32kV·A		台班	1.049	1.564
	电焊条烘干箱 60×50×75（cm^3）		台班	0.105	0.156

3. 生物除臭设备

工作内容：设备、附件、底座螺栓开箱检查，吊装、找平、找正、支架的固定及安装调试。 **计量单位：**台

编号				7-2-55	7-2-56	7-2-57
项目				处理风量（m^3/h 以下）		
				5 000	10 000	15 000
名称			单位	消耗量		
人工	合计工日		工日	41.013	49.216	65.277
	其中	普工	工日	7.382	8.859	11.750
		一般技工	工日	29.940	35.927	47.652
		高级技工	工日	3.691	4.430	5.875
材料	低碳钢焊条 J422 ϕ4.0		kg	46.968	56.362	74.754
	中厚钢板（综合）		kg	10.374	12.449	16.511
	氧气		m^3	18.650	22.380	29.684
	乙炔气		kg	7.173	8.608	11.417
	其他材料费		%	1.50	1.50	1.50
机械	载重汽车 8t		台班	1.710	2.052	2.722
	汽车式起重机 50t		台班	0.798	0.958	—
	汽车式起重机 100t		台班	—	—	1.271
	平板拖车组 30t		台班	0.684	0.821	1.089
	交流弧焊机 32kV·A		台班	2.135	2.561	3.398
	电焊条烘干箱 60×50×75（cm^3）		台班	0.214	0.257	0.340

4. 化学除臭设备

工作内容：设备、附件、底座螺栓开箱检查，吊装、找平、找正、支架的固定及安装调试。 **计量单位：**台

编号				7-2-58	7-2-59	7-2-60
项目				处理风量（m^3/h 以下）		
				5 000	10 000	15 000
名称			单位	消耗量		
人工	合计工日		工日	21.031	24.342	26.454
	其中	普工	工日	3.786	4.382	4.762
		一般技工	工日	15.353	17.770	19.311
		高级技工	工日	1.893	2.190	2.380
材料	中厚钢板（综合）		kg	11.766	11.872	10.706
	低碳钢焊条 J422 ϕ4.0		kg	2.831	2.856	3.434
	氧气		m^3	4.640	4.682	5.666
	乙炔气		kg	1.785	1.801	2.179
	其他材料费		%	1.50	1.68	1.52
机械	载重汽车 8t		台班	1.066	1.613	1.717
	汽车式起重机 8t		台班	0.444	0.448	0.505
	交流弧焊机 32kV·A		台班	0.583	0.588	0.707
	电焊条烘干箱 60×50×75（cm^3）		台班	0.059	0.059	0.071

5. 除臭剂喷雾系统

工作内容：设备、附件、底座螺栓开箱检查，吊装、找平、找正、支架的固定及安装调试。　　**计量单位：**套

编　号				7-2-61
项　目				除臭剂喷雾系统
名　称			单位	消　耗　量
人工	合计工日		工日	4.673
	其中	普工	工日	1.402
		一般技工	工日	3.271
材料	中厚钢板（综合）		kg	6.800
	垫铁		kg	8.328
	低碳钢焊条 J422 ϕ4.0		kg	0.850
	镀锌铁丝 ϕ2.8~4.0		kg	1.620
	油浸石棉盘根 编织 ϕ6~10（250℃）		kg	0.260
	耐酸橡胶板 δ3		kg	2.200
	煤油		kg	4.100
	钙基润滑脂		kg	0.500
	氧气		m^3	1.300
	乙炔气		kg	0.500
	其他材料费		%	1.50
机械	载重汽车 8t		台班	0.300
	汽车式起重机 8t		台班	0.465
	交流弧焊机 32kV·A		台班	0.175
	电焊条烘干箱 60×50×75（cm^3）		台班	0.018

八、计量设备安装

工作内容：基础检查，设备就位、固定、配合校验等。　　**计量单位：**台

编　号				7-2-62	7-2-63	7-2-64
项　目				汽车衡（t 以下）		
				30	50	100
名　称			单位	消　耗　量		
人工	合计工日		工日	7.115	8.757	11.495
	其中	普工	工日	3.380	4.160	5.460
		一般技工	工日	3.380	4.160	5.460
		高级技工	工日	0.355	0.438	0.574
材料	型钢（综合）		kg	8.330	8.820	14.700
	中厚钢板 δ15 以外		kg	14.700	14.700	21.560
	低碳钢焊条 J422（综合）		kg	3.136	3.430	4.900
	清洗剂 500mL		瓶	3.430	3.430	4.900
	氧气		m^3	2.352	2.352	3.528
	乙炔气		kg	0.905	0.905	1.357
	其他材料费		%	1.50	1.50	1.50
机械	汽车式起重机 25t		台班	0.695	0.695	1.143
	平板拖车组 20t		台班	0.347	0.347	0.476
	交流弧焊机 21kV·A		台班	0.585	0.640	1.253

主编单位：湖北省建设工程标准定额管理总站
专业主编单位：中冶南方都市环保工程技术股份有限公司
参编单位：中冶南方工程技术有限公司
中竞发工程管理咨询有限公司
湖北省工业建筑集团安装工程有限公司
武汉市政工程设计研究院有限责任公司
计价依据编制审查委员会综合协商组：胡传海　王海宏　吴佐民　王中和　董士波
冯志祥　褚得成　刘中强　龚桂林　薛长立
杨廷珍　汪亚峰　蒋玉翠　汪一江
计价依据编制审查委员会专业咨询组：杨廷珍　汪一江　潘卓强　杜浐阳　庞宗琨
王　梅　高雄映
编制人员：熊敬超　郝　炜　徐新星　牛渊博　贾　静　宋柳柳　朱　飞　阮　璐
向　东　李乐利　戴建红　汪　翀
审查专家：李木盛　薛长立　蒋玉翠　张　鑫　司继彬　张永红　俞　敏
软件支持单位：成都鹏业软件股份有限公司
软件操作人员：杜　彬　赖勇军　可　伟　孟　涛